UNTER VÖGELN

Aus dem Englischen übersetzt von Volkhardt Müller.
Titel der Originalausgabe: How Birds Live Together

Erschienen bei Princeton University Press unter der ISBN 978-0-691-23190-7
press.princeton.edu
www.unipressbooks.com
First published 2022

Umschlaggestaltung von Gramisci Editorial Design, München/Isabelle Fischer,
unter Verwendung eines Farbfotos von stocksy/Nat sumanatemeya.
Kompletter Bildnachweis siehe Seite 224.

Mit Illustrationen von Sarah Skeate

Unser gesamtes Programm finden Sie unter **kosmos.de**.
Über Neuigkeiten informieren Sie regelmäßig unsere Newsletter, einfach
anmelden unter **kosmos.de/newsletter**.

Gedruckt auf chlorfrei gebleichtem Papier

ISBN 978-3-440-17654-2
Redaktion: Lisa Hummel
Satz: Text & Bild | Michael Grätzbach
Produktion: Markus Schärtlein
Printed in China / Imprimé en Chine

MARIANNE TAYLOR

UNTER VÖGELN

ZUSAMMENLEBEN IN FAMILIE,
SCHWARM UND KOLONIE

KOSMOS

INHALT

Links: Saatkrähen sind äußerst soziale Vögel, die gemeinsam auf Nahrungssuche gehen und in Kolonien brüten.

EINLEITUNG

Wir Menschen mit unserem Farbsinn, unserer Liebe zur Musik und unserem Traum vom Fliegen schenken den Vögeln wohl mehr Aufmerksamkeit und Bewunderung als jeder anderen der vielen Tiergruppen dieser Erde. Wer eine lebenslange Leidenschaft für Vögel entwickelt, kann viele wunderbare und erinnerungswürdige Momente erleben. Der zweistündige Marsch durch einen dunklen und unwegsamen Regenwald etwa, der schließlich mit dem Anblick einer scheuen und seltenen Drosselart belohnt wird – ganz kurz nur, bevor sie wieder im Unterholz verschwindet –, gräbt sich tief ins Gedächtnis eines passionierten Ornithologen ein.

Das eher stille und einsame Dasein vieler Vogelarten entzieht sich unseren Blicken, andere geben sich jedoch weitaus geselliger. Ihre Versammlungen bieten ein derart spektakuläres Schauspiel für die Sinne, dass auch der achtloseste Passant darauf aufmerksam wird. Wer vergisst schon den Moment, wenn er zum ersten Mal das unbändige Getümmel verschiedener Seevögel an einer Felsenküste erblickt, untermalt von den wilden Schreien und Rufen der Tiere, die sich über den Wellendonner in der Tiefe legen. Auch der riesige Starenschwarm gehört dazu, der sich mit atemberaubender Synchronität in den Abendhimmel schraubt, oder der Marsch der Pinguine landeinwärts zu ihren Brutkolonien sowie die skurrilen Tänze der Birkhühner an ihren Balzplätzen. Wer sich einmal darauf eingelassen hat, Vogelgemeinschaften zur Kenntnis zu nehmen, wird ihnen auf Schritt und Tritt begegnen. Vielleicht fasziniert Sie dann ja sogar das alltägliche Kommen und Gehen der Straßentauben, die sich in den stillen Winkeln unserer Stadt ihre eigenen Siedlungen bauen.

Vögel können vom Leben in der Gruppe profitieren, denn die Menge bietet Schutz und Zuflucht. Wenn ein Raubtier eine Brutkolonie angreift, sinkt das Risiko des Einzelnen erbeutet zu werden umso mehr, je größer die Kolonie ist. In der Gruppe gibt es mehr Augen und Ohren, die nach Gefahren Ausschau halten. Die Vögel können nahende Raubtiere frühzeitiger erkennen und dadurch wird eine Flucht oder ein koordinierter Gegenangriff möglich. Dieser Gegenangriff wiederum ist umso effektiver, je mehr Verteidiger rekrutiert werden können. Zu den weniger dramatischen Vorzügen eines Lebens in der Gruppe gehört das Knüpfen sozialer Bindungen und die Möglichkeit, von anderen zu lernen, wo man die besten Brutplätze und Nahrungsquellen findet.

Doch Vögel können ihre Nachbarn auch ausnutzen, etwa indem sie Nistmaterial stehlen oder ein Ei ins Nest der anderen legen. So entziehen sie sich der elterlichen Verantwortung und erhöhen gleichzeitig die Chancen, dass mehr ihrer eigenen Küken flügge werden. Außerdem gibt

Linke Seite: Der Basstölpel (*Morus bassanus*) hat seinen Namen von Bass Rock, einer Insel im schottischen Firth of Forth. Dort befindet sich die größte Basstölpelkolonie der Welt.

es auch Gelegenheiten, sich mit den Nachbarn zu paaren. Die Weibchen können dadurch Küken von einem besseren Männchen als dem eigenen Partner ergattern und Männchen können mehr Küken zeugen als ins eigene Nest passen – ohne sich jemals um diese kümmern zu müssen.

Diese wenig nachbarschaftlichen Praktiken sind in Vogelkolonien weitverbreitet, und dabei gibt es zwangsläufig Gewinner und Verlierer. Das Risiko, ausgebeutet zu werden anstatt auszubeuten, stellt dabei nur einen Preis für das Leben in der Gruppe dar. Hinzu kommen der stressige Wettbewerb um die besten Nistplätze und Ressourcen in der Nähe und die Gefahr, dass andere Vögel das eigene Nest aggressiv sabotieren oder den Küken Schaden zufügen, sowie das Risiko, dass Lärm, Geruch und Sichtbarkeit der Kolonie zum Magnet für Raubtiere werden. Bei einem einsamen und gut versteckten Nest ist das anders.

SCHILLERNDE VIELFALT

Obwohl nur eine relativ kleine Minderheit von etwa 13 % aller Vogelarten regelmäßig in Kolonien brütet, repräsentiert diese eine große Vielfalt von Vogeltypen. Seevogelarten sind stark vertreten, etwa 95 % davon bilden Kolonien. Dies überrascht wenig, denn Koloniebildung wird gefördert, wenn die Nahrungsgründe einer Vogelart deutlich von ihrem Brutgebiet getrennt liegen, wie dies bei Seevögeln der Fall ist (bisher hat noch kein Vogel die Fähigkeit entwickelt, auf dem offenen Meer zu nisten). Vögel, die frei fliegende Beute in der Luft jagen oder ihre Nahrung im Süßwasser finden, neigen deshalb ebenfalls eher zur Koloniebildung als solche, die auf dem Land nach Nahrung suchen und in Bäumen leben.

Zu den am stärksten in Kolonien vertretenen Arten gehören Alkenvögel, Möwen, Seeschwalben, Sturmvögel und Sturmtaucher, Albatrosse, Tölpel, Kormorane, Reiher, Ibisse, Pelikane, Fregattvögel, Bienenfresser, Mauersegler, Webervögel und Schwalben. Auch unter den Geiern, Falken, Kuckucken, Spatzen, Staren, Tangaren und Finken finden sich einige Koloniebrüter. Jede dieser Arten hat ihre eigene, einzigartige Ökologie, die über Kosten und Nutzen des Lebens in der Gruppe oder als Einzelgänger bestimmt.

Für viele Vogelarten ist das Nisten in Kolonien weder praktikabel noch vorteilhaft, doch außerhalb der Brutsaison kann es ihnen nützen, in Gruppen zu leben. Bei anderen Arten verhält es sich genau umgekehrt. Viele Arten passen sich flexibel an, und der Anteil ihrer Population, der in Kolonien lebt, variiert zeitlich und örtlich. Abhängig von einer Reihe verschiedener Umweltfaktoren treffen Vögel unterschiedliche Entscheidungen darüber, ob sie Kolonien bilden oder nicht und wie groß und dicht diese sein sollten.

Rechte Seite oben: Die Kolonien der Karminspinte können Hunderte von Paaren umfassen.

Rechte Seite unten: Papageitaucher ziehen es vor, ihre Nisthöhlen in der Nähe anderer bewohnter Höhlen zu graben.

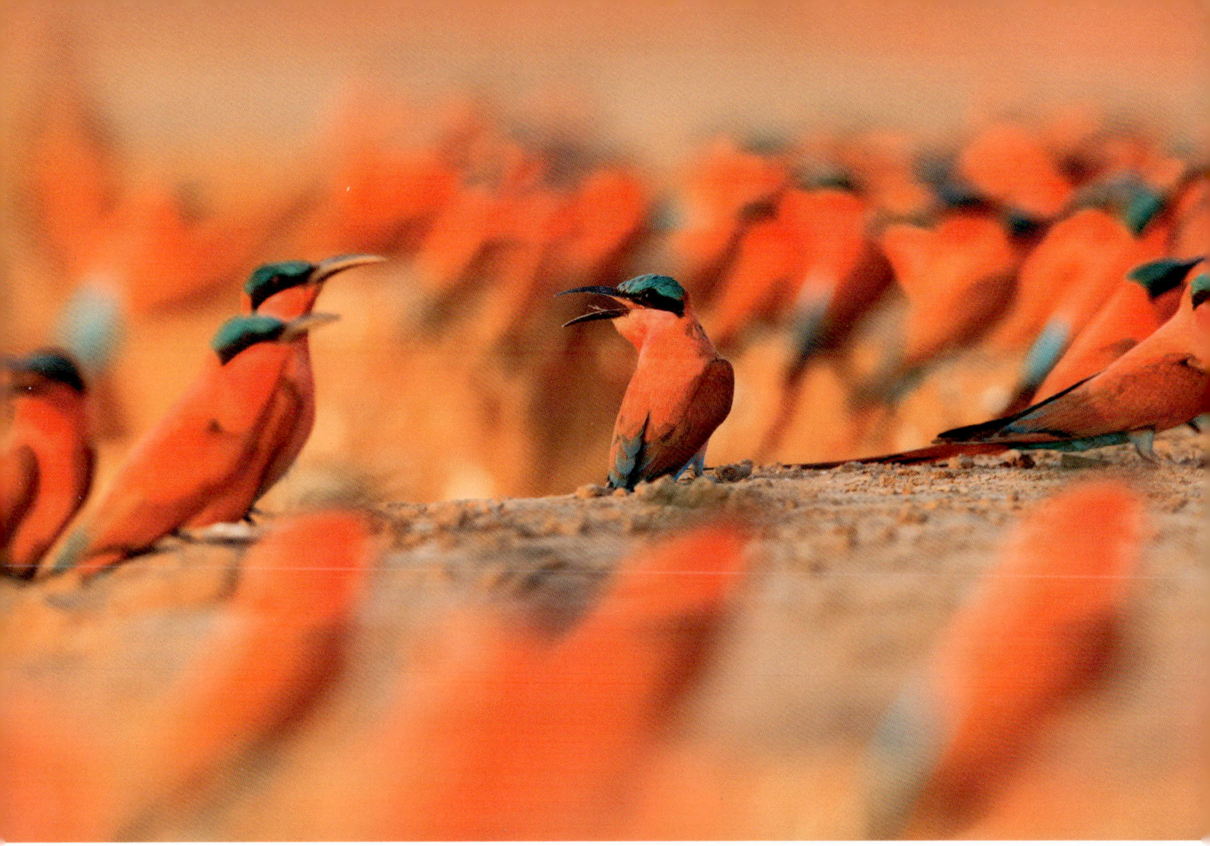

DIE NATUR DER HEIMAT

Welche Arten von Vogelkolonien man an verschiedenen Orten der Welt findet, hängt auch von den jeweils verfügbaren Lebensräumen ab. Für brütende Seevögel ist natürlich die Nähe zum Meer wichtig, denn die Zeit, die sie für ihre Reise zum Nahrungsgrund aufbringen müssen, geht ihnen am Nest ab. Dank der Nähe zum Meer steht der Vogel unter geringerem Selektionsdruck, sich besser an die Fortbewegung auf dem Land anzupassen, was wiederum seiner Anpassung an das Leben auf dem Meer entgegenstünde. Klippen und Strände sind also ideal, wobei sich Strandkolonien eher auf Inseln bilden, wo es keine oder nur wenige Raubsäugetiere gibt.

Für Vögel wie Schwalben, Mauersegler und Bienenfresser, die sich von Fluginsekten ernähren, liegen gute Jagdgebiete oft im Grasland über Sümpfen und Süßwassergebieten, also dort, wo Fluginsekten aus aquatisch lebenden Larven schlüpfen. Allerdings gibt es an diesen Orten meist nicht viele sichere und geschützt liegende Nistplätze. Dies drängt die Vögel dazu, in Kolonien mit geeigneten Nistplätzen zu brüten, seien es Felsspalten und Höhlen im Landesinneren oder Erdwände, in die sie Tunnel graben können.

Viele Singvögel gemäßigter Klimazonen ernähren sich im Frühjahr und Sommer von Insekten und im Winter von Samen und Früchten. Diese Arten bilden in der kalten Jahreszeit oft Schwärme, teilen sich dann aber meist in einzelne Paare auf, die rings um ihren Nistplatz ein Futterrevier für sich beanspruchen und verteidigen. Einige andere Vogelarten fressen ganzjährig Sämereien und neigen zur Koloniebildung. Der Grund dafür liegt in der Verteilung ihrer jeweiligen Nahrung. Insekten ernähren sich von den unterschiedlichsten Pflanzenarten oder auch von anderen Insekten und leben meist recht gleichmäßig verteilt. Samentragende Pflanzen kommen eher gehäuft vor, und zwischen diesen Vorkommen können große Entfernungen liegen. Wenn ein Vogel so einen großen und reichhaltigen Nahrungsgrund gegen andere verteidigen wollte, würde ihm dies kaum gelingen. Eine energieeffizientere Taktik besteht darin, sich auf das Sammeln von Nahrung zu konzentrieren und andere Vögel, die dasselbe tun, zu ignorieren. Daher bilden ganzjährige Samenfresser wie Webervögel Brutkolonien und ziehen auf der Suche nach Futterstellen in Schwärmen umher.

Die Lebensweisen zahlreicher in Kolonien brütender Vogelarten haben sich unter komplexen und jeweils einzigartigen Umwelteinflüssen herausgebildet. So kann die Gegenwart eines starken Verteidigers andere Arten zur Koloniebildung anregen, wie etwa bei Enten und Gänsen, die in der Arktis in der Nähe von Schnee-Eulen nisten. Gleichzeitig könnte bei einigen Vogelfamilien die alte Gewohnheit, in Kolonien zu brüten, verschwinden, da manche Arten – wie die in Wäldern nistenden Marmelalken des Nordpazifiks – ihre Lebensweise an andere Umstände anpassen.

Linke Seite: Die weltweit häufigste Vogelart, der Blutschnabelweber, gedeiht am besten in dicht bevölkerten sozialen Gruppen.

LEKTIONEN AUS DER NATUR

In einer Gemeinschaft geht es sowohl um Wettbewerb als auch um Zusammenarbeit. In dicht bevölkerten Kolonien kann der Wettbewerb intensiv werden, beginnend mit dem Kampf um die besten Nistplätze. Jedes Paar will für sich einen möglichst guten und sicheren Nistplatz innerhalb der Kolonie einnehmen, und sobald dies gelingt, gilt es, diesen Platz gegen andere Paare mit gleicher Absicht zu verteidigen. Daher bilden Koloniebrüter oft engere und dauerhaftere Paarbindungen aus als andere Vogelarten. Jeder Vogel muss sich auf seinen Partner verlassen können, nicht nur als Elternteil, sondern auch, um die Behausung gegen die nahezu permanenten Übergriffe anderer zu behaupten, zumindest so lange, bis die meisten Paare mit dem Ausbrüten ihrer Eier begonnen haben.

Viele Seevögel sind sehr langlebig und ihre Paarbindungen können jahrzehntelang andauern. Bevor das Weibchen sein erstes Ei legt, verlässt es die Kolonie oft tagelang und verbringt seine Zeit auf dem Meer, wo es so viel wie möglich frisst, um seine körperliche Verfassung zu verbessern. Unterdessen bleibt das Männchen zu Hause und verteidigt den Nistplatz. Die Strohwitwer nutzen diese Gelegenheit auch, um sich mit jedem willigen Weibchen in der Nachbarschaft zu paaren – doch dabei sollten sie auf der Hut sein. Wenn sie zu lange ausbleiben, stehen Eindringlingen Tür und Tor offen, und die Heimkehrer müssen sich ihren Nistplatz unter Umständen heftig zurückerkämpfen. Die heimkehrende Partnerin schert sich weniger um die Untreue ihres Partners, als um sein Versagen, ihr wichtiges Nest zu bewahren, oder darum, dass er bei einem Revierkampf verletzt wurde und deshalb seine Elternrolle nicht mehr richtig wahrnehmen kann. Eine fehlgeschlagene Brut – aus welchen Gründen auch immer – führt meist zur „Scheidung" bei diesen sonst sehr treuen Arten.

Da sich Koloniebildung oft bei Vogelarten entwickelt, bei denen der beste Nistplatz und die beste Futterquelle weit voneinander entfernt liegen, sind diese Vögel oft sehr reisefreudig. Einige der am weitesten ziehenden Singvögel etwa gehören zur Familie der Schwalben. Diese Vogelfamilie stammt ursprünglich aus Zentralafrika, wo auch heute noch viele nicht ziehende Arten (sogenannte Standvögel) leben. Daraus könnte man schließen, dass die Fähigkeit, große Entfernungen zwischen Futter- und Nistplätzen zurückzulegen, vor dem Zugverhalten kam. Wenn dies stimmt, hätten die bereits vorhandenen Anpassungen an lange Flüge diesen Vögeln eine gute Ausgangsposition verschafft, als einige von ihnen begannen, saisonale Zugstrategien über immer größere Entfernungen zu entwickeln, um die Massen von Insekten zu erbeuten, die im Frühling und Sommer in den gemäßigten Klimazonen zu finden sind. Ihre Geselligkeit kommt ihnen auch außerhalb der Brutkolonie zugute: Wenn sie gemeinsam ziehen, agieren erfahrene Altvögel als Führer der jüngeren, und sollten sie auf ihren Reisen in eher unwirtlichem Gelände übernachten, profitieren alle von der Wachsamkeit der Gruppe.

In diesem Buch betrachten wir Vogelkolonien und -ansammlungen in all ihren Erscheinungsformen und erfahren, wie ein komplexes Gleichgewicht aus Kosten und Nutzen diese Gemeinschaften formt. Wir sehen dann, wie jedes Individuum in der Gruppe versucht, seinen eigenen Nutzen und den seiner Nachkommen zu maximieren, gleichzeitig aber akzeptiertes Mitglied einer Gruppe bleibt, in der Einzelinteressen bisweilen zurückgestellt werden müssen – für ein geeintes Handeln zum Wohle aller.

Die komplexe Dynamik einer Vogelkolonie führt zu einigen der faszinierendsten und dramatischsten Verhaltensweisen in der Natur und macht ihre Beobachtung unendlich spannend. Soziales Verhalten in der Natur fasziniert uns, weil wir Menschen selbst ausgesprochen soziale Tiere sind. Wir verstehen instinktiv, wie das Zusammenleben in der Gruppe funktioniert – im kleinen oder im großen Maßstab. Dank der Kraft und Macht der Teamarbeit haben wir ausgeklügelte, kolossale Gesellschaften erschaffen, die die Ressourcen der Welt so effizient ausschöpfen und verteilen, dass wir dabei sind, zum Opfer unseres eigenen Erfolgs zu werden. Tatsächlich entwickeln wir uns mittlerweile selbst zur Bedrohung für alles Leben auf der Erde. Vielleicht können wir etwas für unsere eigene Lebensführung lernen, wenn wir besser verstehen, wie sich Gesellschaften wild lebender Vögel entwickeln und wie sie funktionieren. Und vielleicht kann dieses Verständnis einen Beitrag leisten, dass wir endlich beginnen, uns um diese Welt kümmern, die wir so erfolgreich kolonisiert haben.

Wenn Königspinguine ihre Küken an Land besuchen, gibt es nur Stehplätze.

KAPITEL 1

HOCHHAUS

Troup Head ist eine Klippe, an der Seevögel brüten, und ein Naturschutzgebiet im Nordosten Schottlands. Sollten Sie diesen Ort einmal besuchen, so springt Sie als Erstes die Geräuschkulisse an, und kurz darauf folgt der Geruch. Schon während Sie über die steile, grasbewachsene Böschung der Felskante entgegen steigen, werden Sie einige Seevögel im Flug bemerken. Die meisten davon tummeln sich jedoch unterhalb der Abbruchkante, und erst wenn Sie über den oberen Rand sehen, offenbart sich das unglaubliche Ausmaß dieses Naturschauspiels.

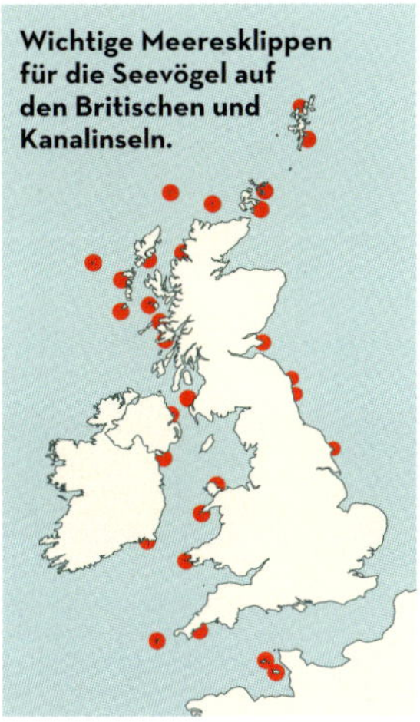

Wichtige Meeresklippen für die Seevögel auf den Britischen und Kanalinseln.

Am oberen Klippenrand angekommen, können Sie sich auf dem federnden Rasen niederlassen, um in aller Ruhe das gefiederte Chaos zu sortieren. Vor Ihnen erstreckt sich ein komplexes Geflecht aus Felskanten, Vorsprüngen und Kalksteinbrocken, das mehr als 100 m tief zum Atlantik abfällt und dessen Brecher weit unten gegen die Klippen donnern. Fast auf Augenhöhe segeln Basstölpel vorbei – strahlend weiß gegen das tintenblaue Meer. Dazwischen fliegen Dreizehenmöwen – weniger stattlich, aber genauso leuchtend. Ihre rauen Kitt-iii-waaarr-Schreie leisten den Hauptbeitrag zur Geräuschkulisse.

Die Basstölpel versammeln sich auf den flachen Gipfeln, die Dreizehenmöwen nisten auf den breiteren Felsvorsprüngen, und auf den schmalen Simsen reihen sich Trottellummen – groß und schlank mit schokoladenbraun-weißem Gefieder. Sie verteidigen ihr winziges Territorium, indem sie mit ihren dolchartigen Schnäbeln nach den Nachbarn stoßen. Dazu beschweren sie sich mit tiefen, gutturalen Knurrlauten. In der Luft flattern sie hektisch mit ihren zu klein geratenen Flügeln, die viel zu groß wirkenden Füße angestrengt gespreizt, um den unbeholfenen Flug zu kontrollieren.

Diese drei Arten dominieren die Szene, doch gibt es noch andere. Tordalken, die dunkleren, dickschnabeligen Vettern der Trottellummen, nisten in Felsspalten, und Eissturmvögel geben ein kehliges Gackern von sich, das man zwischen den Schreien der Dreizehenmöwen und dem Knurren der Lummen ausmachen kann. Finster dreinschauend wie Mini-Albatrosse sitzen Eissturmvögel paarweise auf breiteren, grüneren Vorsprüngen oder kreisen mit steifen Flügeln über den Klippen. Niedrigere und breitere Felsbrocken beherbergen die schlanken und glänzend schwarz-grünen Krähenscharben, die ihre Flügel elegant zum Trocknen in der Brise spreizen.

Insgesamt nisten Zehntausende von Vögeln entlang dieses 4 km langen Küstenabschnittes, und ihre Anwesenheit ist in jeder Hinsicht überwältigend. Tonnenweise Guano, den sie hinterlassen, hat die Landschaft umgestaltet und auf den Felsen ein Ökosystem aus stickstofftoleranten Pflanzen und Flechten ins Leben gerufen. Im Winter werden alle Vögel verschwunden sein und Hunderte oder gar Tausende von Kilometern weit aufs Meer hinausziehen. Die Klippen aber warten still und einsam auf ihre Rückkehr.

Seite 14: Hoch aufragende Meeresklippen bieten Seevögeln einen sicheren Ort für die Aufzucht ihrer Jungen.

Oben: Diese Karte zeigt die größeren Kolonien felsenbrütender Seevögel auf den Britischen Inseln und den Kanalinseln. Etwa acht Millionen Seevögel aus 25 Arten brüten in Großbritannien und Irland, was diesen Lebensräumen eine globale Bedeutung für Seevogelbestände verleiht.

Linke Seite: Jedes Basstölpel-Paar braucht einen ausreichend großen Vorsprung für sein Nest – einen unordentlichen Haufen aus dem Meer gesammelter Pflanzenreste.

EINE KRALLENBREITE LAND

Einige der Vögel am Troup Head fliegen mit offensichtlicher Leichtigkeit und Anmut, für andere hingegen ist es eine schwere und energieaufwendige Arbeit. Sie alle jedoch haben kurze Beine und große Schwimmfüße, die besser fürs Wasser geeignet sind als für das Gehen an Land.

Die Lummen und Tordalken aus der Familie der Alkenvögel benutzen ihre Flügel, um unter Wasser zu „schwimmen". Sie sind die besten Tieftaucher aller flugfähigen Vögel. Diesbezüglich ähneln sie den Pinguinen – ihren Gegenstücken auf der Südhalbkugel. Doch während die Pinguine mit kurzen, dicken Flügeln und schweren, gegen die Kälte isolierten und stromlinienförmigen Körpern voll und ganz an das Schwimmen unter Wasser angepasst sind, opfern die Alkenvögel etwas von dieser Effizienz, um ihre Flugfähigkeit zu erhalten. Dass sie trotz ihrer Geschicklichkeit im Wasser immer noch fliegen können, liegt zumindest teilweise an gewissen vierbeinigen Landraubtieren mit Fell.

Kolonien von Alkenvögeln, Dreizehenmöwen, Eissturmvögeln und Krähenscharben findet man auch an den zerklüfteten Küsten Alaskas, Kanadas, Nordrusslands und Skandinaviens. Alle diese Vögel wählen für ihre Nistplätze Steilwände aus, weil diese Schutz vor räuberischen Säugetieren, insbesondere Polarfüchsen und Eisbären, bieten. Jeder für diese Räuber leicht zugängliche Ort, ist zu gefährlich zum Nisten.

Außerdem bietet eine senkrechte Klippe gegenüber flachem Grund den Vorteil, dass sie den Vögeln einen einfachen Start ermöglicht. Wenn der Wind auf den Felsen trifft, wird der Luftstrom nach oben abgelenkt. Dieser sogenannte Hangaufwind hilft nistenden Seevögeln, einfach abzuheben, und auch die Rückkehr vom Meer zur Klippe kostet weniger Kraft. Dies bedeutet eine enorme Hilfe für Vögel wie die größeren Alken, die sich besser aufs Fallen verstehen als aufs Laufen und Springen. Sie sind in der Lage, aus dem Wasser abzuheben, da sie mit ihren Schwimmhäuten auf

Tordalken haben kurze, schmale Flügel, die ihnen das Fliegen in der Luft sehr schwer machen, aber der „Flug" unter Wasser ist eine andere Geschichte.

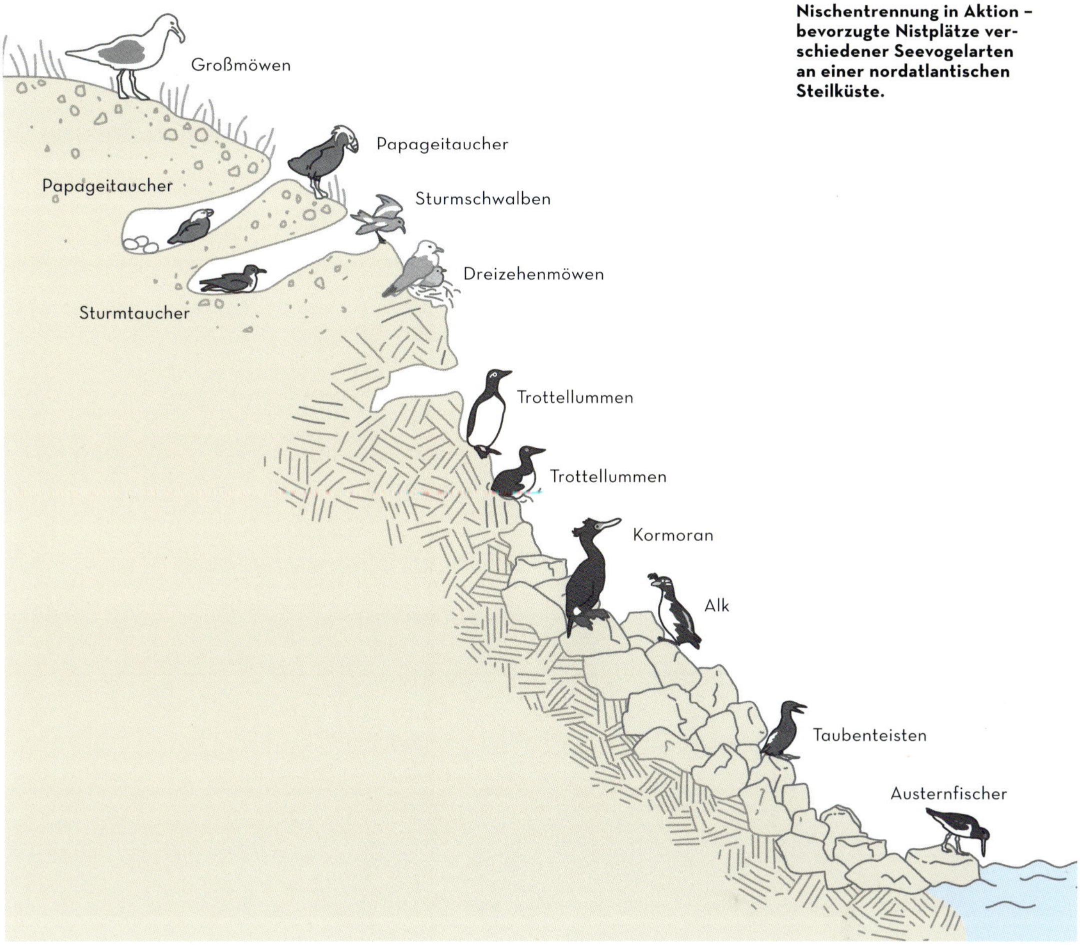

Nischentrennung in Aktion – bevorzugte Nistplätze verschiedener Seevogelarten an einer nordatlantischen Steilküste.

Verschiedene Seevogelarten nutzen meist unterschiedliche Teile der Felswand. Einige bevorzugen offenes Land oder weiche Böden in der Nähe des Gipfels, andere offene Felsvorsprünge und wieder andere strandnahe Felsbrocken am Fuß der Klippe.

der Oberfläche schnell „rennen“ können, während sie dazu hektisch mit den Flügeln schlagen. Solche Füße sind nicht dafür gemacht, auf dem Trockenen zu laufen.

All diese auf Felsen brütenden Seevögel verbringen den Winter weit draußen auf dem Meer. Selbst während der Brutsaison streifen sie auf der Suche nach Nahrung viele Kilometer weit aufs Wasser hinaus und entfernen sich dabei stundenlang von ihrem Nest. Da sie sich hauptsächlich von Fischen und Krustentieren ernähren, ergibt es keinen Sinn, einen bestimmten Futterplatz gegen andere Vögel zu verteidigen, denn ihre Beute kommt sehr konzentriert vor und ist dazu noch äußerst mobil. Folglich beschränkt sich das Territorialverhalten der Vögel auf einen minimalen persönlichen Raum am Neststandort. So kann es sein, dass eine Lumme im Laufe ihres 40-jährigen Lebens auf nichts als ein und demselben Quadratmeter Kalkstein steht. Ansonsten sind ihre Füße im Wasser und ab und zu auch in der Luft.

BALANCEAKTE

Wenn Sie den Blick über die Seevogelkolonie am Troup Head schweifen lassen, zeigt sich, dass die Trottellummen am dichtesten aufeinander leben und die schmalsten Felsvorsprünge nutzen. Außerdem haben sie keine Nester – im Gegensatz zu Dreizehenmöwen, Krähenscharben und Tölpeln, die sichtbare Haufen aus Seetang und anderen Teilen bauen, auf denen der brütende Altvogel sitzt. Obwohl sie krude aussehen, sind diese Nester sehr stabil. Die Nester der Dreizehenmöwen schmiegen sich passgenau an die Felswand, während sich die Nester der Tölpel in bemerkenswert regelmäßigen Abständen auf flacherem Grund verteilen. Dabei sitzt jeder Vogel gerade außerhalb der Schnabelhiebweite seines Nachbarn. Die Krähenscharben bauen große, eimerartige Nester aus Gräsern und sogar aus den Blüten des Klippen-Leimkrauts. Die Schale dieser Nester kann drei weiße Eier aufnehmen – das größte Gelege aller Seevögel. Dreizehenmöwen legen normalerweise zwei Eier, die anderen nur eines.

Die Trottellumme legt ihr einziges Ei ganz ohne Nest direkt auf den Felsen. Auch Tordalken und Eissturmvögel bauen keine Nester, aber sie wählen für ihr einzelnes Ei eine breitere und oft abgeschirmte Stelle. Im Gegensatz dazu erscheint das Ei der Trottellumme als äußerst gefährdet, denn es liegt auf einem nur wenige Zentimeter breiten Sims – umgeben von den lebhaften Interaktionen anderer Trottellummen.

Das Ei der Trottellumme ist jedoch dank seiner merkwürdigen Form besonders geschützt und eine echte Schönheit unter den Eiern: groß, glänzend blaugrün und mit dunklen Klecksen gemustert. Seine Form ist eher pyramiden- als eiförmig, und sein spitzes Ende verjüngt sich viel stärker als bei einem typischen Vogelei. Jahrelang wurde angenommen, dass das Ei dank dieser Form nach einem Stoß im Bogen rollt anstatt geradeaus,

Links: Die Dickschnabellumme kann auf Felsvorsprüngen nisten, die kaum breiter sind als ihr eigener Körper.

Rechte Seite: Seevögeln wie Lummen, Dreizehenmöwen und Tölpeln hilft eine gewisse Toleranz für die Nähe zu anderen Vögeln dabei, einen sicheren Nistplatz zu finden.

und dass es somit weniger gefährdet sei, über die Kante ins Verderben zu stürzen. Ein Vergleich mit dem wesentlich stumpferen Ei des Tordalk scheint dies zu unterstützen.

Eine Studie unter der Leitung von Tim Birkhead von der britischen Universität Sheffield aus dem Jahre 2018 ergab jedoch, dass die Eier der Lumme in der Regel gar nicht rollen. Ihre seltsame Form hält sie selbst dann am Platz, wenn sie angestoßen werden. Natürlich wirkt dieser Schutz nur bis zu einem gewissen Grad, und im Laufe einer Brutsaison wird unweigerlich das eine oder andere Ei über die Kante gestoßen. Junge Lummen, die ihr erstes Zuhause suchen, stehen daher vor einer schwierigen Wahl. Sie können riskieren, auf einem Sims zu brüten, der so schmal ist, dass ihn etablierte Paare verschmäht haben, einem anderen Paar einen besseren Platz streitig zu machen, oder aber ganz aufs Brüten zu verzichten. Es überrascht nicht, dass die besten Plätze schwer zu finden und noch schwerer zu halten sind. Junge Lummen, die zum ersten Mal brüten, tun besser daran, einen älteren, erfahrenen Vogel zu finden, der seinen Partner verloren hat, aber immer noch Anspruch auf einen guten Nistplatz erhebt.

Die langen, spitzen Eier der Lumme rollen weniger leicht ins Verderben als herkömmlich oval geformte.

NACHBARKRIEG UND FRIEDEN

Ein enger Verwandter der Trottellumme ist die Dickschnabellumme. Man kennt sie in einigen europäischen Ländern auch unter dem Namen Brünnichs Lumme. Diese Art ist etwas kräftiger als die Trottellumme und kann bis weit unter 100 m tief tauchen. Sie brütet in der Arktis – weiter nördlich als die meisten Trottellummen – und bildet einige wahrhaft kolossale Kolonien, wie auf der kanadischen Insel Akpatok und der Insel St. George in Alaska. Dort nisten jeweils mehr als eine Million Vögel.

Diese riesigen Ansammlungen, regelrechte Seevogelstädte, bieten Gelegenheit, einige der ausgeprägtesten sozialen Verhaltensweisen in der Vogelwelt zu beobachten. Brütende Dickschnabellummen leben enger zusammen als jede andere Vogelart. Das erfordert ein ausgeklügeltes Gesellschaftssystem und führt zu erstaunlich fürsorglichen Umgangsformen.

Vogelpaare putzen sich oft gegenseitig, indem das Kopfgefieder des Partners sorgfältig mit dem Schnabel gestriegelt wird – ein sehr geschätzter Dienst, denn einem Vogel ist es kaum möglich, den eigenen Kopf zu reinigen. Dieses Fremdputzen unter Paaren beobachtet man bei vielen Vogelarten. Die Lummen sind jedoch insofern ungewöhnlich, als dass es bei ihnen auch zwischen Nachbarn stattfindet. Derartige soziale Bindungen unter direkten Nachbarn sind nützlich, denn daraus können auch Bündnisse erwachsen, wenn es darum geht, das gemeinsame Fleckchen Erde gegen Übergriffe Dritter zu verteidigen.

Es kommt aber auch vor, dass Nachbarn miteinander kämpfen. Am heftigsten geht es vor dem Nestbau zu, wenn die Paare um die besten Brutplätze auf den Felsvorsprüngen konkurrieren. Schnabelstochern eskaliert dann schnell zum Stechen, die Vögel schlagen hart mit den knöchernen Handgelenken ihrer Flügel aufeinander ein und ringen mit verkeilten Schnäbeln. Dabei versuchen sie sogar, die Zunge des anderen zu packen. Häufig stürzt ein kämpfendes Paar gemeinsam vom Felsvorsprung und setzt seinen Kampf auf dem Wasser fort. Verletzungen sind hierbei keine Seltenheit, und manchmal endet es mit dem Tod.

Alteingesessene Nachbarn zanken sich eher, als entfesselt aufeinander einzuhauen, und ein Waffenstillstand wird in der Regel dadurch signalisiert, dass sich einer oder beide Vögel voneinander abwenden und ritualisierte Putzbewegungen ausführen. Eine merkwürdige und unschöne Verhaltensweise, die sich wohl eher negativ auf die Nachbarn auswirkt, besteht darin, dass eine Lumme ihren Schnabel in frischen Kot taucht und dann heftig den Kopf schüttelt, um alle Vögel in der Nähe damit zu bespritzen. Der Zweck dieses Verhaltens ist nicht bekannt. Ebenso wenig versteht man eine andere scheinbar übelwillige Verhaltensweise, nämlich die Neigung mancher Altvögel, junge und nicht verwandte Lummen aggressiv zu bedrängen kurz bevor diese flügge werden.

Unten: Um friedlich auf engem Raum zu leben, bedienen sich Dickschnabellummen einer Reihe von sozialen Signalen.

Seite 24/25: Teil einer großen Kolonie von Dickschnabellummen mit einigen Dreizehenmöwen auf der Prinz-Leopold-Insel in Nunavut, Kanada.

RISIKOBEREITE RÄUBER

Wenn Sie das Kommen und Gehen am Troup Head beobachten, werden Sie ab und zu eine fast tölpelgroße Möwe auf schwarzen Flügeln vorbeisegeln sehen. Sie brütet in geringer Zahl an den Klippen, hat einen äußerst kräftigen Körperbau und ist mit einem massigen gelben Schnabel bewaffnet. Während ihre funkelnden Augen mit scharfem Blick die Felswand abtasten, erweckt sie den Eindruck, also ob sie Räuberisches im Schilde führt.

Der Eindruck trügt nicht, denn die Mantelmöwe ist ein ernsthafter Jäger. Sie hat zwar nicht die spezialisierten klauenbewehrten Fänge und den reißenden Hakenschnabel eines Habichts, Falken oder Adlers, doch sie verfügt über rohe Kraft und kann ihre Beute verblüffend effizient zu Tode schütteln und dreschen. Kein Wunder, dass die anderen in den Klippen nistenden Vögel sie aufmerksam beobachten und ihren Nachwuchs eng bewachen, wenn sie vorbeifliegt. Sie fürchten auch um die eigene Unversehrtheit, denn dieses mächtige Raubtier kann durchaus erwachsene Seevögel töten, wenn ihm der Sinn danach steht.

Seltener segelt ein anderer Vogeljäger am Klippenrand entlang: die Große Raubmöwe oder Skua. Sie ähnelt der Mantelmöwe, ist aber dunkelbraun und hat auffällige weiß gefleckte Flügel. Skuas nisten zwar nicht in der Nähe von Troup Head, doch sie wissen, dass sie hier einfach eine Mahlzeit ergattern können. Die Jagd auf nistende Vögel und ihre Jungen ist technisch sehr anspruchsvoll, da es keinen Platz zum Landen gibt. Deshalb müssen die Mantelmöwe und die Skua versuchen, ein Küken im Vorbeiflug zu schnappen, ohne dabei mit den Felsen zu kollidieren. Das ist knifflig, aber für einen flinken Jäger ist es die Mühe wert.

Doch nicht nur gefiederte Raubtiere greifen die Brutkolonien auf den Klippen an. Eisbären sind hoch spezialisierte Jäger, und daran angepasst, auf Eisschollen ruhende Robben zu fangen. Doch im Sommer, wenn sich das Meereis zurückbildet, wird das zunehmend schwieriger. In den letzten Jahren hat sich das Eis immer stärker abgebaut, und die Auswirkungen auf die Eisbären sind gut dokumentiert. So kommt es zunehmend zu Konflikten zwischen Mensch und Bär sowie zu anderen Verhaltensänderungen.

Schon mehrfach wurden erfolgreiche Angriffe von Eisbären auf die Nistklippen von Seevögeln beobachtet. Die Bären riskierten ihr Leben, als sie die Felswand hinab und entlang schmaler Simse kletterten, um die tieferliegenden Nester zu erreichen. Man muss schon Mitleid mit diesen Tieren haben, die zu solch drastischem und lebensgefährlichem Handeln getrieben werden. Andererseits können einem auch die Vögel leidtun, die keine Chance haben, ihre Jungen gegen dieses große Raubtier zu verteidigen, denn Jahrtausende evolutionärer Anpassung haben sie nicht darauf vorbereitet. Und nicht nur Eisbären stellen eine zunehmende Bedrohung dar, auch Polarfüchse, die ebenfalls von der globalen Erwärmung betroffen sind, richten in mageren Jahren ihren Blick auf die Felsen der Seevögel.

Oben: Auf Spitzbergen riskiert ein verzweifelter Eisbär Kopf und Kragen beim Versuch, die Nester von Dickschnabellummen zu plündern.

Rechts: Großmöwen wie die Mantelmöwe gehören zu den wenigen Raubtieren, die an die Küken von auf Klippen nistenden Seevögeln herankommen.

DER SPRUNG INS UNGEWISSE

Bestimmt spüren Vögel, die auf Küstenklippen heranwachsen, die unmittelbare Nähe des Meeres schon bevor sie aus dem Ei schlüpfen. Deshalb sind sie aber noch lange nicht versessen darauf, die Klippen zu verlassen, um ein Leben auf See zu beginnen. Vor dem Sprung ins Ungewisse kann einem schon grausen, ob es nun in die Lüfte geht, ins Wasser, oder gar beides in schneller Abfolge. Doch auf dem Meer ist es sicherer als auf den Felsen, und auch die Elternvögel drängen auf den Ozean hinaus. Die Reise muss also stattfinden.

Kurz vor dem Ausflug überfüttern viele Seevogeleltern ihre Jungen regelrecht. Ein gerade flügge gewordener junger Eissturmvogel erreicht etwa 115 % des Gewichts eines Erwachsenen. Das zusätzliche Körperfett hilft dem Jungvogel in den ersten Tagen seiner Unabhängigkeit. Das ist wichtig, denn sobald er das Nest verlassen hat, wird er nicht mehr von seinen Eltern versorgt und kann das auch nicht sofort effektiv selbst tun.

Flügge Tölpel sind kaum flugfähig, also gleiten und flattern sie zum Meer hinab, um sich schwimmend vom Land zu entfernen. Mit ihren kurzen Flügeln werden sie noch tagelang zu schwer und zu schwach sein, um vom Wasser abzuheben. Glücklicherweise können sie etwa zwei Wochen lang von ihren Fettreserven zehren.

Manche Seevögel sind schon in einem viel früheren Entwicklungsstadium flügge. Die Küken der Trottellumme etwa rücken nach ungefähr 24 Tagen aus. Sie wiegen dann weniger als ein Drittel der Altvögel und sind noch lange nicht flugfähig oder in der Lage, sich selbst zu ernähren. Dieser besonders frühe Start zeigt, wie viel sicherer das Meer für die Vögel ist, doch er birgt auch Gefahren. Die Väter der flüggen Jungvögel rufen ihnen vom Wasser aus zu, bis die Kleinen schließlich springen, dabei flattern sie mit ihren halb ausgewachsenen Flugeln, um den Fall abzubremsen. Vorausgesetzt sie landen im Meer und schlagen nicht an Land auf, schließen sie sich schnell ihren Eltern an, die den Nachwuchs über Ruflaute im Gewimmel orten. Einmal im Wasser angekommen, merken die Küken schnell, dass ihre ungeschickten, schlecht positionierten Beine selbst bei rauem Seegang wunderbar zum Durchpflügen des nassen Elements geeignet sind. Sie schwimmen aufs Meer hinaus, ermutigt und bewacht von ihren Vätern, die sie noch mindestens einen Monat lang füttern und versorgen werden.

Rechte Seite oben: Während der gesamten Brutsaison kann man in der Nähe der Brutfelsen große „Flöße" von Trottellummen auf dem Meer sehen.

Rechte Seite unten: Die erste Landung auf dem Meer ist für diesen frisch ausgeflogenen Basstölpel ein ziemlicher Schock.

KOLONIEPROFIL

GRASSHOLM, PEMBROKESHIRE, WALES – UK

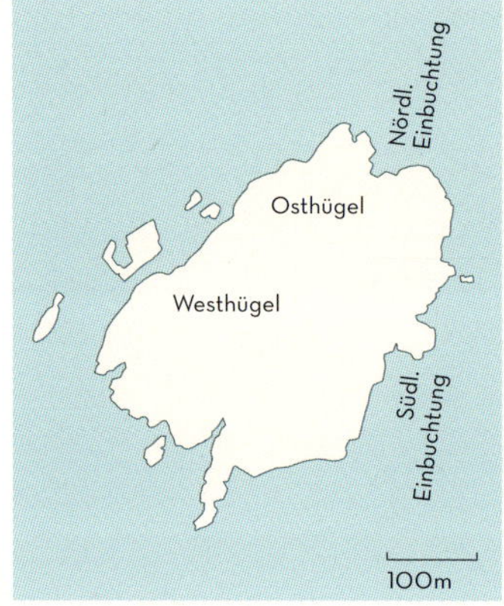

Auf der Landkarte wird die Silhouette von Wales oft mit einem Schweinskopf verglichen. Die Grafschaft Pembrokeshire wäre demnach die Schnauze und die unbewohnten Inseln rings um diese Spitze die frischen Spuren eines feuchten Niesers daraus. Die größeren Inseln Skomer, Skokholm und Ramsey sind raue, grüne Flecken mit steilen Felsenküsten, auf denen verschiedene Seevogelkolonien leben. Die viel kleinere Insel Grassholm hingegen wird von nur einer einzigen Art dominiert.

Grassholm, das altnordische Wort für „Grasinsel", hat sich während der letzten Eiszeit von der Insel Skomer abgelöst und liegt heute 13 km vor der walisischen Küste. Im späten 19. Jahrhundert beherbergte die etwa 10,7 ha große Insel eine riesige, schätzungsweise 250 000 Brutpaare zählende Kolonie höhlenbrütender Papageitaucher. Die exponierte Lage der Insel und die Grabetätigkeit dieser Vögel führten jedoch dazu, dass sich das Eiland nach und nach von einem üppig grünen Außenposten in einen zerklüfteten Flecken spärlich bewachsenen Basalts verwandelte. Um 1940 waren nur noch 25 Brutpaare der Papageitaucher übrig.

Diese Transformation der Landschaft beendete zwar die Ära der Papageitaucher auf Grassholm, doch nun war sie zum idealen Heim für Basstölpel geworden, von denen gegen Ende des 19. Jahrhunderts mehrere Paare auf der Insel angekommen waren. Während die Zahl der Papageitaucher rapide abnahm, gediehen die Basstölpel, und auf Grassholm befindet sich heute die drittgrößte Basstölpelkolonie der Erde. Wenn Sie die Insel während der Brutzeit von oben betrachten, erscheint sie nahezu weiß. Es heißt, vom Meer her sehe sie aus wie ein süßes Brötchen mit Zuckerguss. Die weiße Färbung ist jedoch nicht auf den nackten Fels zurückzuführen, sondern auf die Tölpel selbst und ihre Guanoablagerungen. Wenn Sie näher herankommen, zeichnen sich deutlich gleichmäßig verteilte weiße Punkte ab – jeder davon ein einzelner Basstölpel auf seinem Nest. Kommen Sie nochmals näher, werden Sie bald von den Brutpartnern dieser Vögel umschwärmt, die massenhaft über Ihnen kreisen und immer wieder mit einem dramatischen Sturzflug ringsum ins Wasser tauchen.

Die Insel beherbergt fast 40 000 Basstölpelpaare, und es gibt noch Platz für mehr. In den steilen Felsvorsprüngen finden sich auch einige Paare anderer Seevogelarten wie Trottellummen, Tordalken und Scharben, aber die Basstölpel belegen jedes Fleckchen Land, das breit und flach genug ist, um ihr 30 cm breites, sockelförmiges Nest aus zerkleinerten Algen und Gräsern aufzunehmen.

Jedes Weibchen legt ein einzelnes Ei, das von beiden Eltern etwa 44 Tage lang bebrütet wird. Das Küken beginnt sein Dasein als kahles, reptilienhaft aussehendes Wesen, entwickelt aber bald einen dichten weißen Flaum. Der wird nach und nach durch das dunkelbraune Jugendgefieder ersetzt, und nach 90 Tagen ist der junge Tölpel voll befiedert und bereit zum ersten Flug. Seine Eltern mästen ihn regelrecht, sodass er genügend Fettreserven hat,

Oben: Die ausgedehnte Basstölpelkolonie der Insel Grassholm beherbergt neben den Vögeln auch ein einzigartiges Spektrum mikrobiellen Lebens, das an diese ungewöhnlichen Bedingungen angepasst ist.

Linke Seite: Grassholm ist eine von mehreren kleinen, aber an Seevögeln reichen Inseln vor der Spitze von Pembrokeshire in Wales.

Unten: Basstölpel gehen zwar lebenslange Partnerschaften ein, doch sie sind nur in der Kolonie beisammen. Nach jeder Trennung erneuern sie ihre Bindung mit rituellem Schnabelfechten.

um die ersten Wochen außerhalb des Nestes zu überstehen und um seine spektakulären Sturzflüge ins Meer solange zu perfektionieren, bis er selbst Fische fangen kann.

Seit 1948 wird Grassholm von der *Royal Society for the Protection of Birds* (RSPB) betreut und ist damit eines der ältesten Naturschutzgebiete im Vereinigten Königreich. Doch während das Wachstum der Kolonie einen Grund zum Feiern darstellt, zeichnet sich ein relativ neues und ernsthaftes Problem beim Nestbau ab. Die Basstölpel sammeln ihr Nistmaterial sowohl an Land als auch aus dem Meer, und zunehmend enthalten ihre Nester künstliche Materialien, insbesondere Plastik sowie die bunten Kunststoffseile und Netze, die in der Fischereiindustrie verwendet werden. Im Gegensatz zu pflanzlichen Materialien zersetzen sich diese kaum oder gar nicht. Infolgedessen müssen RSPB-Helfer jeden Herbst auf die Insel reisen, um Dutzende von jungen Tölpeln freizuschneiden, die zwar flügge, aber buchstäblich an ihre Nester gefesselt sind.

ARTENPROFIL

FAHLSTIRNSCHWALBE

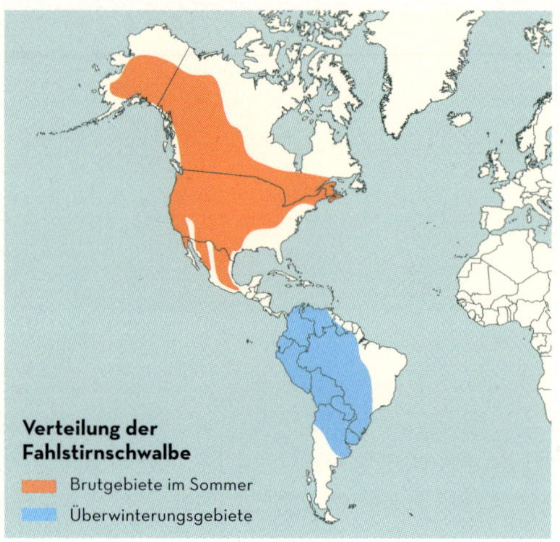

Nicht alle Klippen liegen am Meer, und nicht alle Felsenbrüter sind Seevögel. Einer der am weitesten verbreiteten und beliebtesten nordamerikanischen Singvögel ist die Fahlstirnschwalbe. Dieser markante und farbenfrohe kleine Vogel verbringt den Winter in Südamerika, kehrt aber jedes Frühjahr „nach Hause" zurück, um seine Nester in schroffe Felswände zu bauen, wo sie weitestgehend sicher vor dem Zugriff von Nesträubern sind.

Schwalbenvögel (aus der Familie Hirundinidae) leben häufig in Kolonien. Sie ernähren sich von Fluginsekten – insbesondere von schwärmenden Arten wie Mücken und Moskitos. Da sich die Aufenthaltssorte dieser Insekten ständig ändern, müssen die Schwalben gute Flieger sein, um schnell dahin zu kommen, wo es ein gutes Nahrungsangebot gibt. Das verleiht ihnen auch die Freiheit, in Kolonien zu brüten.

Die meisten Schwalben verwenden Schlamm als Grundmaterial, wodurch sie ihre Nester an einen festen Untergrund kleben können. Die Nester der Fahlstirnschwalben erinnern an Flaschenkürbisse. Sie leimen sie an senkrechte Felswände und auch an die Nester von Artgenossen, wodurch sich oft dichte Nesthaufen bilden, jedes davon aus etwa 1000 kleinen Bätzchen getrockneten Schlammes gebaut. Jedes davon war ein einziger Schnabel voll Schlamm, der von einem der Brutpartner zum Nistplatz getragen und dort sorgfältig verpresst wurde. Die Nester halten sich in der Regel so gut, dass sie mehrere Jahre überdauern und nach der Rückkehr der Vögel vom Zug nur geringfügig repariert werden müssen. Allerdings sind alte Nester manchmal mit wirbellosen Parasiten verseucht und ein Neubau ist daher besser.

Eine Kolonie von Fahlstirnschwalben umfasst meist 200 – 400 Nester, doch auch bis zu 1000 sind nicht ungewöhnlich, was sie zu einer der sozialsten Schwalbenarten macht. Dementsprechend laut und hektisch ist das Leben in der Kolonie. Zu Beginn der Saison streiten sich die Paare um die Nester oder Bauplätze im Zentrum der Siedlung. Diese erstklassigen Plätze sind wärmer und sicherer als solche am Rand, und den Vögeln dort gelingt es wahrscheinlich, eine größere Brut aufzuziehen.

Die besten Nester sind jedoch auch anfällig für anderswo brütende Weibchen, die versuchen, dort heimlich ihre Eier abzulegen. Ein solches kann sein Ei direkt ins andere Nest legen oder aber ein bereits gelegtes ins Nachbarnest hinüberschieben, falls die Eingänge entsprechend nebeneinander liegen. Während es derart beschäftigt ist, kommt es unter Umständen vor, dass ein anderes Weibchen genau dasselbe bei ihr tut. Deshalb enthält eine beträchtliche Anzahl von Nestern mindestens ein fremdes Ei.

Obwohl Fahlstirnschwalbenpaare beim Nestbau und der Brutaufzucht zusammenarbeiten, ist ihre Bindung sehr oberflächlich und funktional. Sowohl die Männchen als auch die Weibchen ergreifen bereitwillig jede Gelegenheit für eine schnelle Paarung mit anderen Vögeln – sozusagen ihre Methode, den Einsatz im großen Spiel der Gene zu streuen. Wenn sie endgültig das Nest verlassen, können die flügge gewordenen Küken bereits gut fliegen. Nor-

Oben: Fahlstirnschwalben kleben ihre Schlammnester sowohl an Felsen als auch an benachbarte Nester.

Linke Seite: Die Fahlstirnschwalbe ist ein Langstreckenzieher. Ihre gesamte Brutpopulation pendelt jedes Jahr zwischen Nord- und Südamerika.

Unten: Ein ungewöhnlich trockener Frühling kann den Bruterfolg von Fahlstirnschwalben und anderen Arten beeinträchtigen, die feuchten Schlamm zum Nestbau brauchen.

malerweise geschieht dies ein bis zwei Tage nach ihrem Erstflug. Die Jungvögel versammeln sich dann in großen Gruppen auf Bäumen oder Felsvorsprüngen bis zu 3 km vom Nistplatz entfernt, und rufen nach den beständig umherfliegenden Eltern, in der Hoffnung, gehört und gefüttert zu werden. Innerhalb von fünf Tagen nach dem Ausfliegen lernen sie, sich selbst zu ernähren.

Fahlstirnschwalben zeigen sich das ganze Jahr über äußerst sozial. Die erwachsenen Tiere ziehen gemeinsam, gehen zusammen auf Nahrungssuche und wenn sie nicht aktiv sind, ruhen sie oft Schulter an Schulter. Bei sehr kaltem Wetter schlafen sie auch gemeinsam, um ihre Körperwärme zu teilen. Wie viele andere Felsenbrüter haben sich diese Vögel an die bebaute Umwelt angepasst.

Viele Kolonien sind heute an den Wänden von Gebäuden zu finden. Diese Umstellung hat es der Art ermöglicht, ihr Verbreitungsgebiet beträchtlich auszuweiten. Allerdings sind alle Schwalbenarten zunehmend vom weltweiten Rückgang der Fluginsekten betroffen.

KAPITEL 2

BAUMHÄUSER

Linke Seite: Obwohl die Everglades stark verändert wurden, sind sie immer noch ein Paradies für die Tierwelt der Feuchtgebiete.

Mit dem Kajak können Sie auf entspannte Art die einzigartige Wildnis des Everglades-Nationalparks in den USA erkunden und dabei die örtliche Vogelwelt kennenlernen. In Ufernähe lassen sich vom Boot aus Reiher und Rosalöffler bei der Nahrungssuche im seichten Wasser beobachten, während Waldstörche über Ihren Kopf hinwegsegeln. Vielleicht paddelt ein Amerika-Schlangenhalsvogel neben Ihnen her, seine breiten Füße und den Großteil seines schlanken Körpers unter Wasser, bevor er langsam den langen, geschwungenen Hals ins Wasser taucht und auf der Jagd nach Fischen in die Tiefe stößt.

All diese großen Vögel kommen zur Nahrungssuche ans oder ins Wasser. Sie wären jedoch schlecht damit beraten, auf Wasserhöhe zu brüten, denn es besteht Überschwemmungsgefahr, und auch Raubtiere könnten dort leicht an sie herankommen. Stattdessen nisten sie in Büschen und Bäumen, wo jedes Brutpaar Reisig und weicheres Pflanzenmaterial für den Bau einer stabilen Nestplattform sammelt. Die Ränder werden hochgezogen und die Mitte eingedrückt, um eine Schale zu formen, sodass die jungen Küken nicht ins Wasser fallen, wenn sie anfangen, sich durchs Nest zu bewegen. Mit etwas Glück ist diese Konstruktion stabil genug, um mehrere Brutsaisons zu überdauern, und dass eine kleine Renovierung jedes Jahr genügt.

Schon bald brütet ein Elternteil die Eier aus, während das andere Wache hält. Hoch auf dem Baum stehend ist seine unwirkliche langbeinige Figur jedoch nur eine von vielen, da diese Vögel Kolonien bilden. Die Trennung von Nistplatz und Nahrungsquelle ermöglicht es ihnen, dicht beieinander zu brüten und so alle Vorteile eines sozialen Lebens zu nutzen, ohne dass ihre Nahrungssuche deshalb durch Konkurrenz beeinträchtigt wird.

In vielen Gegenden der Welt stellen Bäume zusätzlichen Lebensraum über dem Boden bereit, und ihre Äste, Zweige und Blätter bieten Nahrung, Sicherheit und Unterschlupf für eine große Vielfalt an Tieren. Gleichzeitig ist diese Welt für viele Landtiere unzugänglich. Zahlreiche Säuger können überhaupt nicht klettern, und selbst wenn doch, kommen sie oft nicht über die stabileren Hauptäste hinaus. Entweder sind sie zu schwer, oder es mangelt ihnen an Gleichgewichtssinn (oder beides), um die äußeren Zweige zu erreichen. Deshalb bieten die meisten Bäume sichere Nistmöglichkeiten für eine Vielzahl von Vögeln, die nicht nur fliegen können, sondern auch viel leichter sind als vergleichbar große Säugetiere.

Seite 34: Oft gesellen sich auch andere große Wat- oder Stelzvögel wie Störche, Ibisse und Löffler zu einer Reiherkolonie in den Bäumen.

Oben: Der Rosalöffler ist einer der farbenprächtigsten Bewohner der Everglades.

Mitte: Männliche und weibliche Waldstörche wechseln sich beim Ausbrüten der Eier ab.

KEIN PLATZ ZUM VERSTECKEN

Obwohl Baumbrüter vor den meisten Säugetieren sicher sind, bleiben andere Vögel wie etwa Greif- und Rabenvögel eine echte Bedrohung. Für viele baumbrütende Arten ist es daher wichtig, sich zu verstecken. Sie geben sich große Mühe, ihre Nester zu verbergen, indem sie beispielsweise die Konturen so gestalten, dass sie mit den tragenden Ästen verschmelzen, oder indem sie die Außenseite des Nests mit Flechten verkleiden. Aber auch der Nestbau selbst kann sehr auffällig sein, selbst wenn das fertige Nest gut getarnt ist, sodass viele Baumbrüter beim Sammeln von Nistmaterial und bei der Konstruktion ihres Nests sehr vorsichtig und verstohlen vorgehen. Wenn sie in sommergrünen Bäumen nisten, warten sie oft, bis diese voll im Laub stehen, bevor sie mit dem Nestbau beginnen.

Raben- und Saatkrähen sind große, häufig vorkommende und rein schwarze Krähenarten, die in ganz Nordeuropa und bis nach Asien ihre Reisignester in Bäumen anlegen. Sie gehören zur selben Gattung und sind nur schwer zu unterscheiden, außer man kann das teils kahle Gesicht der Saatkrähe oder ihre leicht zerzausten Beinfedern erkennen. Der auffälligste Unterschied der beiden liegt im Sozialverhalten. Die alte Weisheit, dass Rabenkrähen Einzelgänger sind und Saatkrähen gruppenweise auftreten, trifft vor allem dann zu, wenn es ums Nisten geht.

Saatkrähen (engl. rooks) sind Koloniebrüter und ihre Nestansammlungen quer durchs gesamte Verbreitungsgebiet ein derart vertrauter Anblick, dass im englischen Sprachraum die Bezeichnung „rookery“ auch für Kolonien anderer Tierarten wie Pinguine, Seelöwen und Meeresschildkröten verwendet wird, die in weit entfernten Gegenden der Welt leben. Eine Saatkrähenkolonie besteht aus einer Ansammlung großer Reisignester in einem oder mehreren Laubbäumen, bevorzugt jedoch Eichen oder Eschen. Die Nester sind das ganze Jahr über schwer zu übersehen, und vom Winter bis ins Frühjahr herrscht ein reges und lautstarkes Treiben, während die Brutpaare ihr altes Nest zurückerobern und umgestalten.

Unten links: Die Rabenkrähe ist eine nahe Verwandte der Saatkrähe, hat aber nicht deren geselliges Naturell.

Unten rechts: Am kahlen, weißen Gesicht kann man die Saatkrähe von anderen Krähenarten unterscheiden.

Rechte Seite: Bäume mit Gruppen von Saatkrähen sind eine vertraute Winterszene nordeuropäischer Landschaften.

Rabenkrähen hingegen sind Einzelbrüter. Jedes Paar verteidigt ein großes Revier rings um ein gut verstecktes Nest, das oft in einem Nadelbaum oder in einem Laubbaum, dessen Blätter gerade austreiben, angelegt wird. Vielleicht kann man einmal eine Rabenkrähe dabei beobachten, wie sie mit einem Zweig im Schnabel im obersten Geäst eines hohen Baumes verschwindet, aber dabei auf den Gesang und Tanz der Saatkrähe verzichtet. Obwohl Rabenkrähen zähe Gesellen sind, hätten sie Schwierigkeiten, ihre Küken gegen einen marodierenden Mäusebussard oder Marder zu verteidigen. Daher sind sie vorsichtig und bauen ihr Nest an einem Ort, an dem es weder von oben noch von unten leicht entdeckt werden kann.

Die beiden Arten unterscheiden sich auch in Bezug auf die zeitliche Abstimmung ihres Brutverhaltens. Saatkrähen brüten einmal im Jahr und deutlich früher als Rabenkrähen, zu einem Zeitpunkt, an dem einzelne Nester allgemein stärker von Räubern bedroht werden, da die Bäume noch kahler sind und es noch nicht viele natürliche Nahrungsquellen gibt. Außerdem ist ihr Brutzeitraum viel kürzer und stärker synchronisiert als bei Rabenkrähen, die verteilt über einen längeren Zeitraum ihre Nester pflegen, obwohl auch sie nur ein Gelege pro Jahr aufziehen. Fast alle jungen Saatkrähen fliegen bis Ende Mai aus, während viele junge Rabenkrähen selbst Ende Juni noch nicht flügge sind.

Jedes Saatkrähennest genießt den Schutz der Kolonie. Die Tiere können deshalb früher im Jahr mit der Brut beginnen und ihr Nachwuchs kann sich im Sommer länger selbst versorgen. Allerdings verlieren Saatkrähen, die deutlich früher oder später als ihre Artgenossen nisten, diesen Vorteil. Deshalb ist es wichtig, dass sie sich synchron verhalten. Rabenkrähen müssen zwar länger warten, um sicher nisten zu können, doch dafür haben sie mehr Flexibilität bei der Wahl des Zeitpunkts.

SUPERKOLONIEN

Wieder zurück in den Everglades wird es Zeit, unser Kajak an Land zu ziehen und in ein Leichtflugzeug zu steigen – aus der Luft lassen sich die Nester in den Bäumen am effizientesten zählen. Im Jahr 2018 wurde den Erfassern der Bestände klar, dass sie Zeugen eines außergewöhnlichen Vorganges wurden: Die Gesamtzahl der aktiven Nester von Schneesichlern, Waldstörchen, Rosalöfflern und anderen Arten (einschließlich Kanada- und Grünreihern) hatte 138 834 erreicht. Obwohl solche riesigen Ansammlungen für die Everglades nicht neu sind, hatte es seit den 1940er- und 1950er-Jahren keinen Nestbau in diesem Umfang mehr gegeben.
In den vorangegangenen 17 Jahren wurden im Durchschnitt weniger als 31 000 Nester pro Jahr gezählt, mit einem Spitzenwert von rund 51 270 im Jahr 2009.

Rechte Seite oben: Die Kartierung der Watvogelkolonien in den Everglades aus der Luft ist sehr akkurat. Die Karte verdeutlicht die Wichtigkeit des Gebietes für diese Vogelpopulationen.

Rechte Seite unten: Ein Luftbild enthüllt die Komplexität der Wasserwege in den Everglades. Jeder der vielen Nebenflüsse ist vom lebendigen Grün der Uferbäume gesäumt.

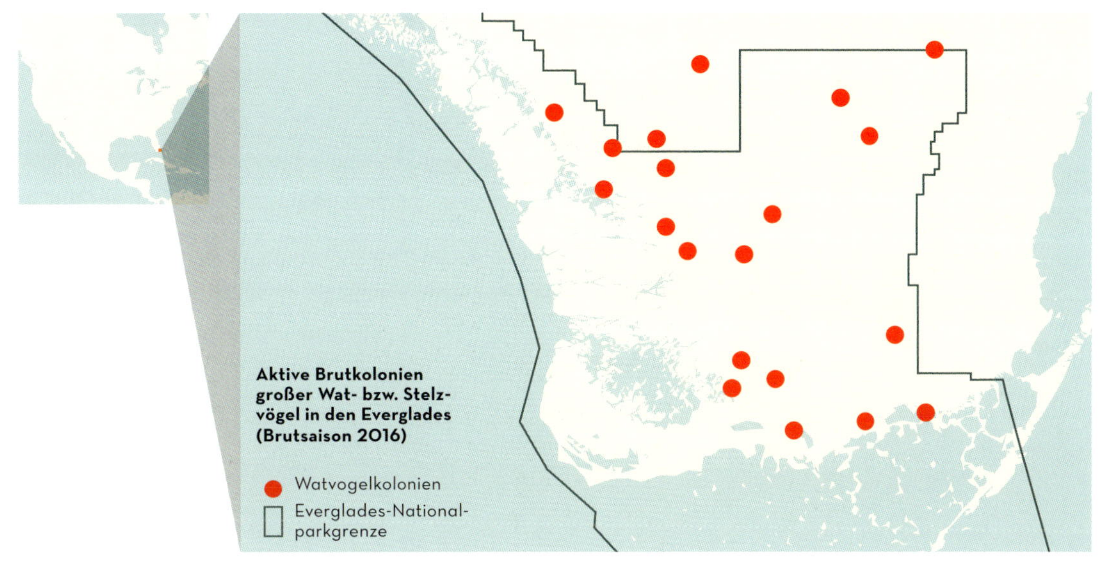
Aktive Brutkolonien großer Wat- bzw. Stelzvögel in den Everglades (Brutsaison 2016)
Watvogelkolonien
Everglades-Nationalparkgrenze

Die Everglades sind ein ausgedehntes tropisches Feuchtgebiet mit einem Mosaik ineinander verschachtelter Lebensräume. Lange beherbergten sie eine üppige Vielfalt natürlich vorkommender Lebensformen. Die menschliche Angewohnheit, solche Naturwunder als Ressourcen zur Ausbeutung zu betrachten, führte jedoch mit Beginn der Industrialisierung zu drastischen Veränderungen. Mitte des 19. Jahrhunderts diskutierte der US-Kongress die Trockenlegung der Sumpfgebiete, um Ackerland zu gewinnen, und gegen Ende des Jahrhunderts waren bereits groß angelegte Entwässerungsarbeiten im Gange.

Auch die Watvogelkolonien wurden zu Geld gemacht, denn ihr Federschmuck war in der Modeindustrie sehr begehrt. Abertausende wurden im Namen des Federhandels getötet, und als sich der Geschmack der Öffentlichkeit und die Naturschutzgesetze schließlich zugunsten der Vögel wendeten, hatte die großflächige Entwässerung der Feuchtgebiete den Everglades bereits ihr wildes Herz entrissen. Bis zum Ende des 20. Jahrhunderts hatte man mehrere ausgedehnte Gebiete zu Reservaten erklärt und verwaltete diese im Sinne des Artenschutzes, doch die Everglades hatten bereits mehr als 90 % ihrer Vogelwelt verloren.

Auch ohne menschliches Zutun wäre die Zahl der in den Everglades nistenden großen Watvögel aufgrund der Dynamik ihres Lebensraumes von Jahr zu Jahr dramatischen Schwankungen unterworfen gewesen. Manche Lebensräume sind von Natur aus stabiler als andere – in einem Tiefseegraben oder einem unberührten Urwald etwa ändert sich über Jahrhunderte hinweg kaum etwas. Am anderen Ende der Skala stehen küstennahe tropische Feuchtgebiete unter dem Einfluss wechselnder Wetterverhältnisse – Küstenlinien, die vom Meer zernagt werden, Sümpfe, die zum Austrocknen, und Ebenen, die zur Überschwemmung neigen, sowie Flüsse, die ihren Lauf ändern und dabei das Land neu formen. Manchmal herrschen perfekte Brutbedingungen, dann wiederum gibt es Jahre, in denen sich die Katastrophen häufen. Viele Nester sind dann zum Scheitern verurteilt, und manche Paare versuchen erst gar nicht, Energie in wahrscheinlich fruchtlose Brutversuche zu investieren.

Ein oder zwei verlorene Brutjahre sind für einen Reiher, Ibis oder Löffler keine Katastrophe, denn diese Tiere werden über dreißig Jahre alt. Damit gehören sie zu den langlebigsten Vögeln, auch wenn sie nicht das hohe Alter vieler Seevögel erreichen. Außerdem sind sie in der Regel produktiver als Seevögel. Das „Gelege“ eines Alkenvogels oder Albatros besteht aus nur einem Ei, und einige größere Albatrosarten brüten nur jedes zweite Jahr. Im Vergleich dazu produzieren die langbeinigen Watvögel jedes Jahr ein Gelege von zwei, drei, vier oder gar fünf Eiern, wobei die Gelegegröße vom Nahrungsangebot abhängt. Dank der Fähigkeit, gute Bedingungen optimal ausnutzen zu können, sind ihre Populationen in der Lage, sich relativ schnell von einer Krisenperiode zu erholen, sobald sich die Umstände verbessern. Auch die Bereitschaft, gemeinsam und nah aufeinander zu nisten, trägt zur schnellen Bestandserholung bei. Die meisten dieser Vögel können und werden dies zwar auch als Einzelpaare erfolgreich tun, doch die Kolonien können von einem Jahr aufs nächste rapide wachsen.

Linke Seite oben: Brände in Trockengebieten sind nur eine der vielen mehr oder weniger natürlichen Gefahren für die Pflanzen- und Tierwelt der Everglades.

Linke Seite unten: In mageren Jahren kommt es vor, dass die älteren und stärkeren Rosalöfflerküken ihre später geschlüpften, kleineren Geschwister aus dem Nest drängen.

Obwohl in der Natur gute und schlechte Brutjahre zufällig auftreten, kann ein sorgfältig und sensibel steuerndes menschliches Eingreifen dazu beitragen, dass jedes Jahr ein Erfolg wird. Für die großen Watvögel ist eine Steuerung des Wasserstandes über Schleusentore der Schlüssel. Dadurch kann man zu Saisonbeginn Nestverluste durch Überschwemmungen nach einem Regen oder einer Sturmflut verhindern und auch den Wasserstand niedrig genug halten, um den Altvögeln die Nahrungssuche für ihre Küken zu erleichtern, indem Beutetiere wie Flusskrebse in kleineren offenen Flachwasserbereichen konzentriert werden.

Allerdings gilt es in der Praxis, Einschränkungen zu berücksichtigen, und dazu gehören die Bedürfnisse der menschlichen Bevölkerung der Region. Obwohl einige Reservate theoretisch permanent unter Schutz stehen, kann es dennoch zu Beeinträchtigungen durch angrenzende Bebauung und andere konkurrierende Bedürfnisse kommen. Eine der aktuellen Bedrohungen in den Everglades sind invasive dunkle Tigerpythons, die nicht nur die Vögel des Gebiets gefährden, sondern auch allgemein die Stabilität des Ökosystems.

Trotz vieler drängender Probleme ist es leider traurige Realität, dass Budgets für den Naturschutz immer noch oft zuerst gestrichen werden, wenn die Zeiten schwer sind. Es bedarf grundlegender Änderungen unserer gemeinsamen Prioritäten und unseres Lebensstils, damit die Supersaison des Jahres 2018 in den Everglades nicht nur ein einmaliges Ereignis war.

WACHSENDE VIELFALT

Wenden wir uns wieder den Saatkrähen zu. Ihr Verbreitungsgebiet umfasst den größten Teil Europas und erstreckt sich entlang eines breiten Streifens über ganz Zentralasien bis ins östliche China und von dort weiter nach Japan . Ein Teil davon, zwischen Osteuropa und Zentralasien, überschneidet sich mit dem Verbreitungsgebiet einer Vogelart, die auf den ersten Blick nur wenig mit der Saatkrähe gemein hat: dem Rotfußfalken.

Der Rotfußfalke ist ein kleiner, schneller und wendiger Jäger von Insekten und kleinen Wirbeltieren. Sowohl das dunkelgraue, rot behoste Männchen als auch das gold-silberne Weibchen sind wunderschön anzusehen. Ganz nach Falkenart baut der Rotfußfalke kein eigenes Nest, und da er hauptsächlich große Fluginsekten jagt, hätte er auch wenig davon, am Nest ein Futterrevier zu verteidigen. Deshalb brütet er gerne in Kolonien, und hier kommt die Saatkrähe ins Spiel.

Während die meisten Falken auf Felsvorsprüngen oder in Baumhöhlen nisten, nutzt der Rotfußfalke die alten Reisignester anderer Vögel. Da er gerne in Kolonien lebt, braucht er mehrere Nester geeigneter Größe, die nah beieinander liegen, wie die einer Saatkrähenkolonie. Einem Paar Rotfußfalken wird es nicht gelingen, eine Saatkrähenfamilie aus ihrem Nest zu verdrängen. Doch wir haben bereits gesehen, dass Saatkrähen meist früh

Oben: Eingeschleppte dunkle Tigerpythons sind in den Everglades bekannt dafür, dass sie mehr als 20 Brutvogelarten erbeuten, darunter den in den USA gefährdeten Waldstorch.

Rechts: Seidenreiher, Ibisse, Löffler und Reiher fressen und brüten gemeinsam, wenn das Nahrungsangebot groß ist.

im Jahr brüten. Rotfußfalken hingegen tun das später, wenn es viele Jungvögel und Insekten gibt, die sie an ihren Nachwuchs verfüttern können. So kommt es im Saatkrähennest zu einer Art Teilzeitnutzung, bei der die Falken einziehen, nachdem die Saatkrähen ausgezogen sind. Rotfußfalken können auch alleine brüten, oft im alten Nest einer anderen Krähenart, dann sind sie jedoch weniger erfolgreich als Individuen in Kolonien.

Während die abwechselnde Nestnutzung bei den Saatkrähen und Rotfußfalken gut funktioniert, nisten andere Vogelarten gemeinsam in gemischten Kolonien. Bei den Watvögeln der Everglades beispielsweise brüten verschiedene Arten nebeneinander – wie auch bei großen Watvögeln in anderen Teilen der Welt. Als gegen Ende des 20. Jahrhunderts Seidenreiher in Teilen des Vereinigten Königreichs zu brüten begannen, fand man ihre ersten Nester in Graureiherkolonien. Die Bereitschaft, einen Platz mit einer anderen Art zu teilen, bietet umgehend alle Vorteile des Kolonielebens, selbst wenn man zu den Ersten seiner Art gehört, die in einem neuen Land brüten.

NACHBARSCHAFTSSKANDALE

Eine weitere Gruppe Vögel, die gerne in Kolonien lebt, sind kleine Körnerfresser, zu denen auch Spatzen, Webervögel, Finken und Prachtfinken gehören. Sie sind auf Nahrungsquellen angewiesen, die meist konzentriert vorkommen. Die Nahrungssuche im Schwarm ist für sie sinnvoll, denn an solchen Futterstellen gibt es reichlich Nahrung für viele kleine Vögel. Außerdem halten mehr Augen nach Nahrung und Gefahren Ausschau, und sollte ein Raubvogel angreifen, gibt es mehr Körper, die in der Luft Verwirrung stiften können.

Während der Brutsaison stellen jedoch einige dieser Arten ihre Ernährung auf kriechende und krabbelnde Insekten um und gehen deshalb zu einer territorialen Lebensweise über. Diejenigen, die sich das ganze Jahr über hauptsächlich von Sämereien ernähren, brüten hingegen oft in Kolonien. Dazu gehören insbesondere Arten, die auf der Suche nach guten Nahrungsvorkommen nomadisch umherstreifen und sich unter geeigneten Bedingungen sofort zur Fortpflanzung niederlassen können.

Die Webervögel Afrikas und Asiens sind ein Paradebeispiel für dieses Verhalten: Viele dieser Arten bauen einzelne Nester in unmittelbarer Nähe zu einem Nachbarn. Der Bajaweber etwa ist in Süd- und Südostasien weitverbreitet, wo er in Kolonien von 20–30 Paaren auf Bäumen nistet. Das Männchen baut das Nest weitgehend alleine. Es webt eine beutelartige Struktur aus Gräsern und langen Blattstreifen, die es von Palmwedeln abreißt. Zum Schluss wird dieser Beutel mit einem langen, baumelnden Eingangstunnel versehen, der den Zugang für flugunfähige Tiere erschwert.

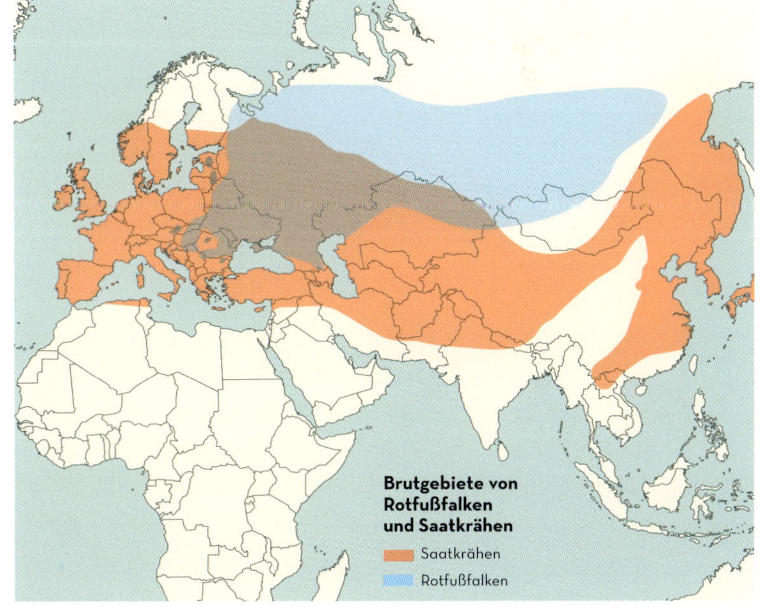

Linke Seite: Alte Saatkrähennester stellen geeignete Unterkünfte für Rotfußfalken dar, und da die Saatkrähen gemeinschaftlich leben, tun es die Falken auch.

Rechts: Der violette Bereich der Karte zeigt, wo sich die Brutgebiete von Rotfußfalken und Saatkrähen überschneiden. Außerhalb dieses Bereichs nisten Erstere häufiger ohne die Gesellschaft von Artgenossen, denn dort nutzen sie die alten Nester von Vogelarten, die nicht in Kolonien leben.

Ein Zeitraffer des etwa 18 Tage dauernden Prozesses zeigt, wie der männliche Bajaweber zunächst einen Klumpen aus Nistmaterial um einen tragenden Zweig webt und diesen dann zu einer Schlinge formt. Darin sitzend baut er die Seitenwände auf und verbindet sie an der Oberseite. Unten belässt er zwei Öffnungen: Eine davon wird später zur Nestkammer ausgebaut und die andere nach unten zu einem Eingangstunnel verlängert. Zu diesem Zeitpunkt, noch bevor der Bau vollendet ist, beginnt das Männchen, rings um sein Nest zu singen und zu rufen – zum wachsenden Interesse der Weibchen.

Zwischen den männlichen Bajawebern herrscht reger Wettbewerb. Sie kämpfen um die besten Neststandorte, denn Weibchen bevorzugen Nester, die weiter oben an stabileren Ästen angebracht und deshalb sicherer sind und somit die Überlebenschancen der Küken verbessern. Untereinander kämpfen die Weibchen darum, sich mit den Männchen zu paaren, die ihre Nester am besten positioniert und gebaut haben. Dabei kann es auch gewalttätig zugehen. Selbst wenn sich diese Vögel dafür entscheiden, nahe beieinander zu leben, kann es dennoch zu extremen Spannungen unter den Nachbarn kommen.

Sobald sich ein Paar gefunden hat, stellt das Männchen sein Nest fertig. Die Partnerin hilft noch ein klein wenig mit, bevor sie ihre Eier in die fertige Brutkammer legt. Doch wer glaubt, dass sich nun die Wogen glätten, irrt. Zunächst einmal lässt das Männchen sein Weibchen mitsamt Elternpflichten weitgehend oder auch ganz im Stich. Stattdessen verwendet es nun seine Energie darauf, Weibchen zu umwerben, welche die halbfertigen Nester anderer Männchen inspizieren. Dabei hofft es, noch ein paar extra Küken zu zeugen. Unterdessen versuchen Weibchen, denen das Nest ihrer Träume versagt blieb, heimlich ein Ei in besser gelegene Nester zu legen, um wenigstens einem ihrer Nachkommen mehr Überlebenschancen zu geben. So bietet das Nisten in der Kolonie viele Möglichkeiten für Untreue und die damit verbundene Streuung von Genen. Andererseits verwickelt es die Bajaweber auch in ein Netz aus Misstrauen, Paranoia und Gewalt. Einmal entdeckt, werden sowohl Untreue als auch die heimliche Eiablage mit noch mehr Kämpfen bestraft.

Rechte Seite: Ein männlicher Bajaweber bewacht sein fertiges Nest.

Unten: Der Bau dieses Nestes erfordert Geschicklichkeit, Geduld und ein intuitives Verständnis physikalischer Gesetze.

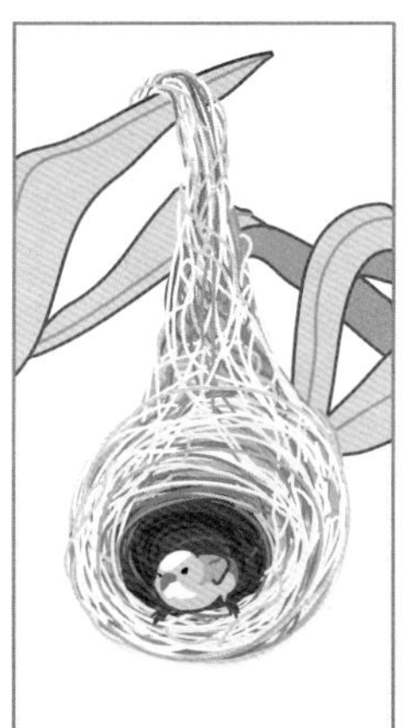

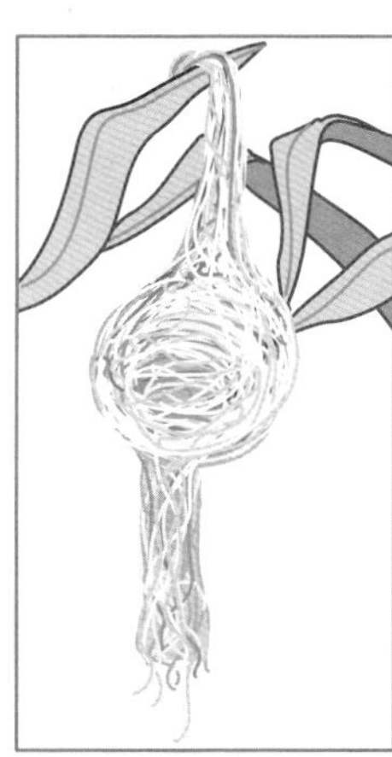

ARTENPROFIL

DIE WANDERTAUBE

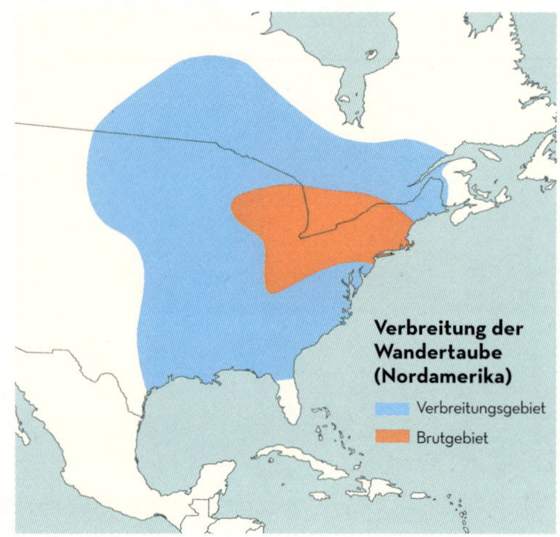

Wie Webervögel sind auch Tauben hauptsächlich Samenfresser, die zu sozialem Verhalten neigen, und einige Arten bilden große Brutkolonien auf Bäumen. Doch keine lebende Tauben- oder Vogelart bildet Ansammlungen, die an die schwindelerregende Größe der Schwärme von Wandertauben heranreichen.

Der schöne, langschwänzige und anmutige Vogel war ein echter Nomade, und Berichte von Schwärmen, die stundenlang den Himmel verdunkelten, stellten keine Übertreibung dar. Die Wandertaube zog auf der Suche nach lohnenden Vorkommen von Baumsamen und anderen Nahrungsquellen innerhalb eines riesigen Verbreitungsgebiets in Nordamerika umher. Dabei brütete sie hauptsächlich in einem kleineren Gebiet im Osten des Kontinents. Einige Brutkolonien waren wahrhaft gigantisch. Die größte bekannte Kolonie erstreckte sich über geschätzte 2200 km^2 und zählte mehr als 135 Millionen Paare. Im 18. Jahrhundert schätzte man die Gesamtpopulation dieses Vogels auf 3–5 Milliarden Individuen, was ihn mit Abstand zur zahlreichsten Vogelart Nordamerikas und möglicherweise der ganzen Welt machte.

Die Nester der Wandertaube waren einfache Plattformen aus Zweigen, die das Brutpaar gemeinsam in nur zwei Tagen zusammenfügte – dieser Vogel hatte keine Zeit zu verlieren. Schaute man von unten auf das Nest, so konnte man durch das lückenhafte Geflecht oft deutlich ein einzelnes weißes Ei erkennen. Nach gerade einmal 14 Tagen des Brütens schlüpfte das Küken, und benötigte danach noch einmal genauso lange die Versorgung durch die Eltern. Dann wurde es sich selbst überlassen und stürzte auf den weichen Boden, den die Altvögel beim Nestbau einen Monat zuvor von losen Zweigen gesäubert hatten. Dort angekommen, schloss es sich seinen beinahe flüggen Artgenossen an – sie wurden zu einem Meer von Taubenbabys, die jeder erwachsenen Taube um Futter bettelnd hinterherliefen. Wer die nächsten paar Tage überlebte, war stark genug, um zu fliegen und sich selbst zu ernähren.

Dieser außergewöhnlich schnelle und eilige Brutzyklus der Wandertaube ermöglichte es dem gesamten Schwarm, bei Bedarf schnell weiterzuziehen. Unzählige Eier und Küken gingen durch Raubtiere, Unfälle und Hunger verloren, doch dic Schwärme konnten diese Verluste dank ihrer Größe leicht ausgleichen. Die schiere Flut an Eiern und Küken hätte alle lokal vorkommenden Raubtiere überwältigt.

Gegen einen Feind jedoch war die bemerkenswerte und erfolgreiche Überlebensstrategie der Wandertaube wirkungslos: Den Menschen der damaligen Zeit müssen die riesigen Schwärme wie eine unerschöpfliche Ressource erschienen sein. Mit der Verbreitung von Feuerwaffen nahm das Taubenschlachten dramatisch zu und zwar nicht nur zur Nahrungsbeschaffung, sondern auch zum Spaß. Zeitgenössische Berichte nennen schwindelerregende Zahlen: 50 000 Vögel, die in einem Jahr auf einem einzigen Markt verkauft und 4000 Vögel, die von einer Familie an einem Tag geschossen wurden, nur um Federn für ihr Bettzeug zu bekommen sowie

Oben: Dieser Holzschnitt aus den 1870er-Jahren veranschaulicht die scheinbar grenzenlose Fülle an Wandertauben, welche die Schützen der Zeit so begeisterte.

Unten: John James Audubons berühmtes Werk „Birds of America" enthielt dieses schöne, wenn auch biologisch ungenaue Bild einer weiblichen Wandertaube, die ihren Partner füttert (eigentlich wäre es umgekehrt gewesen).

ein Jäger, der behauptete, in seinem Leben drei Millionen Vögel „eingesackt" zu haben.

Schließlich war ein Wendepunkt erreicht. Wahrscheinlich erschien die Art zu diesem Zeitpunkt nach heutigen Maßstäben noch als sehr zahlreich. Mit dem Schrumpfen der Brutkolonien wurde jedoch jedes einzelne Nest überlebenswichtiger und zugleich gefährdeter. Die riesige Anzahl von Eiern und Küken, die lokale Raubtiere überschwemmen konnte, gab es nicht mehr und damit nicht genug Überlebende, dass sich der Bestand erholen konnte.

Der Niedergang der Taube verlief dramatisch und schnell. Als sich endlich Besorgnis breit machte und man Gesetze zum Schutz der Art erließ, war es längst zu spät, und die Natur beendete, was der Mensch begonnen hatte. Die letzten wilden Wandertauben wurden um 1900 gesichtet, und die letzte in Gefangenschaft lebende Taube, die 29-jährige Martha, starb 1914 allein in ihrem Käfig im Zoo von Cincinnati. Ihr trauriges Vermächtnis ist die äußerst ernüchternde Einsicht und Mahnung, dass ein scheinbar unerschöpflicher Reichtum der Natur tatsächlich sehr zerbrechlich sein kann.

ARTENPROFIL

DER ZEBRAFINK

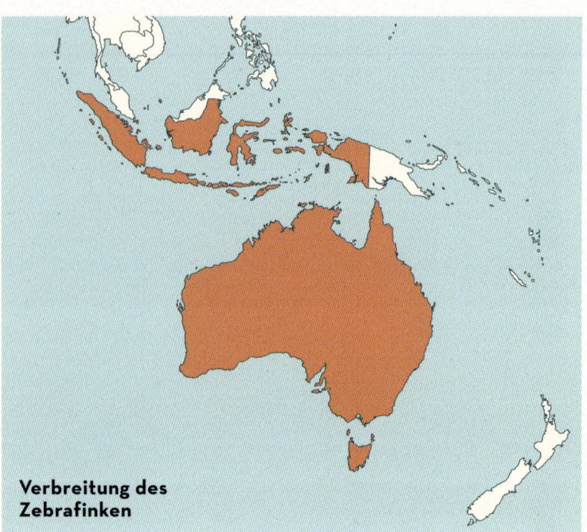
Verbreitung des Zebrafinken

Die Familie der Prachtfinken umfasst etwa 140 Arten meist sehr kleiner Singvögel, die sich von Grassamen ernähren. Sie kommen in ganz Afrika, Asien und Australasien vor. Zu ihnen gehören die Astrilde und deren Brutparasiten, die Witwenvögel, sowie die Bronzemännchen, die Amadinen und die Papageiamadinen. Viele Prachtfinken zeigen sich sowohl farbenfroh als auch gesellig, was sie zu beliebten Volierenvögeln macht. Wie die verwandten Webervögel sind viele von ihnen Koloniebrüter, die sich in großen Gruppen in der Nähe von offenem Grasland niederlassen.

Der in Australien beheimatete und weitverbreitete Zebrafink ist wahrscheinlich der bekannteste und bestuntersuchte Prachtfink und weltweit ein sehr beliebter Käfig- und Volierenvogel. Aus dem grauen „Wildtyp" wurde eine breite Palette von Farbformen gezüchtet. Das graue Gefieder der wilden Männchen zeigt sich mit leuchtend orangefarbenen Wangen, einer gestreiften Brust und rötlichen, weiß gesprenkelten Flanken geziert. Wenn sie zur Balz mit quietschendem Gesang und schnell hüpfend um die eher schlichten Weibchen tanzen, präsentieren sie diese Verzierungen so gut sie können. Je symmetrischer und leuchtender die Zeichnung, desto attraktiver erscheint das Männchen dem anderen Geschlecht.

Die Vögel bauen ihre kugelförmigen Nester aus verwobenen trockenen Gräsern in Bäumen und Sträuchern, oft sehr nahe an anderen Nestern, wobei fast oder ganz fertiggestellte Nester weitere Vögel zum Bauen animieren. Das Brüten erfolgt opportunistisch, wenn es ein reichhaltiges Nahrungsangebot gibt, was in der Regel ein bis drei Monate nach Beginn ergiebiger Regenfälle der Fall ist.

Australische Zebrafinken haben ein kompliziertes Gesellschaftsleben. Neben Nistbäumen benutzen sie besondere Bäume zur Balz und wieder andere für allgemeinere soziale Interaktionen. Zu diesen gehört eine erstaunlich breite Palette verschiedener Lautäußerungen. Insbesondere die Männchen erzeugen einen jeweils einzigartigen Gesang, indem sie einem Grundmuster individuelle Ergänzungen hinzufügen. All das muss in den ersten Lebenswochen des Vogels erlernt, weiterentwickelt und gemeistert werden. Bekommt ein junges Männchen die unterschiedli-

Erwachsene Australische Zebrafinken versammeln sich auf „Balzbäumen", auf denen sich die farbenfrohen Männchen singend und tanzend den Weibchen präsentieren.

Wsst	**Gesang**
Betteln	**Tet**
Entfernung	**Thuk**
Not	**Tuck**
Lang Tonal	**Jammern**
Nest	

Forscher, die das Sozialverhalten von Zebrafinken untersuchten, haben herausgefunden, dass ihre Lautäußerungen in mindestens elf verschiedene Kategorien fallen, die hier aufgelistet sind. Innerhalb jeder Kategorie gibt es wiederum ausgeprägte individuelle Unterschiede.

chen Gesänge verschiedener erwachsener Männchen zu hören, so kann es diese erlernen und daraus einen eigenen, noch komplexeren Gesang entwickeln, der den Weibchen gefällt.

Männchen und Weibchen singen auch gemeinsam. Dazu gehört vor allem ein kurzes „Duett", wenn das Männchen ans Nest kommt und seine Partnerin beim Brüten ablöst. Es wurde beobachtet, dass dieser Gesang von der Dauer der Abwesenheit des Männchens beeinflusst wird. Nach langer Abwesenheit verkürzt sich das Duett, und das Weibchen verbringt bei seiner nächsten Schicht weniger Zeit am Nest. Möglicherweise „bespricht" oder „verhandelt" das Paar so eine faire Aufteilung der Brutarbeit. Zebrafinken „sprechen" auch zu ihren Küken im Ei. Dabei geben sie einen speziellen Ruf ab, sobald die Lufttemperatur ein für das Schlüpfen optimales Niveau erreicht hat. Dies wirkt sich sowohl auf die Wachstumsrate als auch auf das Verhalten des ungeschlüpften Kükens aus.

KAPITEL 3

MITBEWOHNER

Seite 54: Dieses riesige Nest, das einen Telegrafenmast in Namibia umhüllt, ist das gemeinsame Zuhause einer Siedelweberkolonie.

Links: Der Mönchssittich ist ein kleines und harmlos aussehendes Mitglied der Papageienfamilie, hat jedoch eine sehr ungewöhnliche Lebensweise.

Unten: Abstammend von entflogenen Haustieren haben sich Mönchssittiche in vielen Gebieten der Welt außerhalb ihrer Heimat Südamerika etabliert – ein Beweis für ihre Anpassungs- und Konkurrenzfähigkeit.

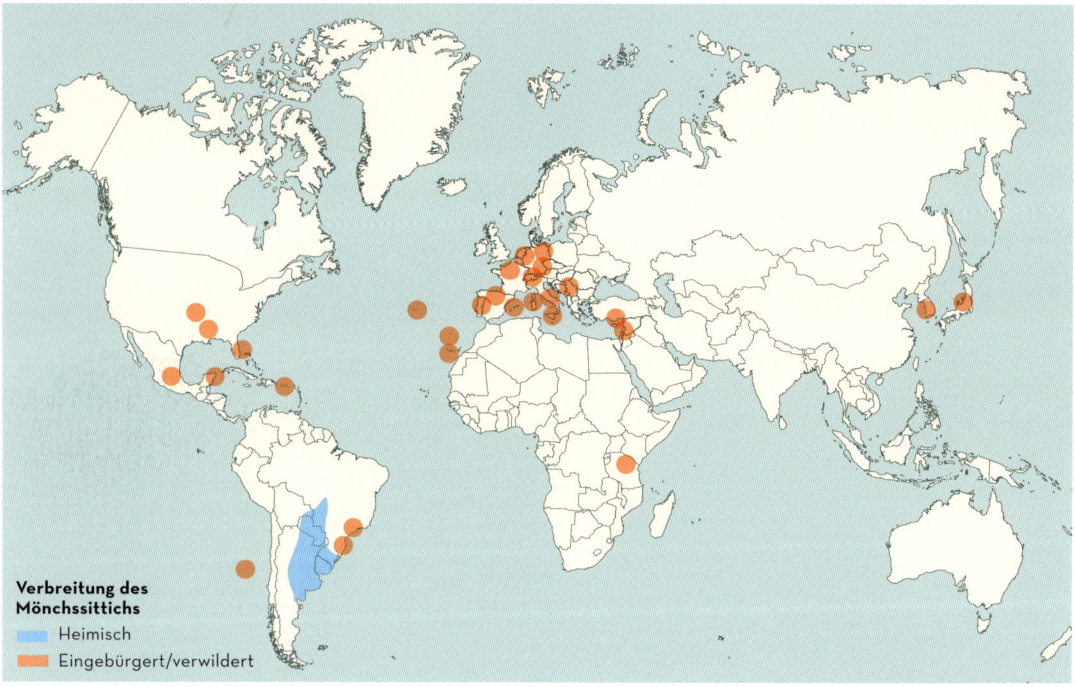

Verbreitung des Mönchssittichs

Heimisch

Eingebürgert/verwildert

Ob eingebürgerte Haussperlinge in den USA, amerikanische Eichhörnchen in England oder europäische Kaninchen in fast allen anderen Ländern der Erde – wenn Wildtiere in ein neues Land eingeführt werden, kann das viele Probleme verursachen. Natürlich nicht zwangsläufig, denn sie können auch rasch aussterben oder eine bescheidene Population aufbauen, die sich nicht spürbar auf Menschen oder andere Wildtiere auswirkt. Häufiger ist jedoch, dass der Neuankömmling gedeiht und sich ausbreitet, mit einer oder mehreren negativen Folgen die sowohl offensichtlich als auch besorgniserregend sind.

In Südspanien gibt es bedeutende Populationen nicht heimischer Papageienarten, die in größeren Städten wie Malaga, Barcelona und Madrid wild und frei leben. Dabei handelt es sich um die Nachkommen entflogener oder absichtlich freigelassener Käfigvögel, die in ihrer neuen Heimat gut gedeihen. In Barcelona gibt es beispielsweise seit langem Populationen von Nanday-, Rotmasken-, Spitzschwanz- und Guayaquilsittichen, die alle aus Südamerika stammen. Hinzu kommen westafrikanische Senegalpapageien. Diese Arten bringen Farbe – und viel Lärm – in die Alleen und Parks der Stadt, und sie werden von den Einheimischen relativ wohlwollend betrachtet. Da sie sich hauptsächlich in städtischen Gebieten aufhalten, die ohnehin bereits relativ arm an Wildtieren sind, sieht man ihre Auswirkungen auf die örtliche Fauna als eher unbedeutend an.

Eine weitere Papageienart ist jedoch weit weniger willkommen: der Mönchssittich. Diese niedlich aussehende südamerikanische Art ist ein bezauberndes Haustier, doch zum Zeitpunkt der Erstellung dieses Textes werden in Barcelona Pläne zur Ausrottung der Population des kleinen grau-grünen Vogels geschmiedet, die sich in der Stadt ausbreitet.

Was macht den Mönchssittich so viel schlimmer als andere eingebürgerte Papageien, dass es in mehreren US-Bundesstaaten sogar verboten ist, die Art als Haustier zu halten? Schließlich fressen alle diese Papageienarten Nüsse und Samen, Knospen sowie Blätter und können damit potenziell zu Schädlingen in der Landwirtschaft werden. Außerdem können sie einheimische Vögel aus städtischen Lebensräumen verdrängen, in denen Nahrung und Nistplätze ohnehin knapp sind. Auf den ersten Blick haben also alle gebietsfremden Papageien das Potenzial, das Gleichgewicht in ihrer neuen Heimat zu stören.

MÖNCHSGEMEINSCHAFT

Das Besondere am Mönchssittich: Er ist eine von nur wenigen Papageienarten, die ein richtiges Nest bauen. Die meisten anderen Papageien sind Höhlenbrüter, die in hohlen Bäumen nisten. Mönchssittiche werden zum Problem, weil sie in Bäumen oder anderen geeigneten Gerüsten Zweige – und davon massenhaft – zu riesigen amorphen Gebilden verbauen. Zwar errichtet jedes Paar ein eigenes Nest, doch dieses wird an ein zuvor gebautes angehängt, bis schließlich eine Art riesiges „Supernest" entsteht. Dieses Gemeinschaftsnest ist normalerweise das Werk von bis zu 20 Sittichpaaren (manchmal auch mehr), und es kann einen Durchmesser von über 2 m erreichen. Jedes Paar hat einen eigenen Eingang, der zu einer Nistkammer im Inneren führt, sowie einen separaten, breiteren Vorbereich oder eine „Veranda", wo die Vögel aneinander vorbeispazieren oder sich umdrehen können.

Dieses Nest ist nie wirklich „fertig", da ständig Teile hinzugefügt und verändert werden. Obwohl die Paare ihre Nistkammern jährlich wieder verwenden, bauen neu hinzukommende Vögel oben und unten ihre eigene Erweiterung an. Das Nest wächst auch in den kälteren Monaten außerhalb der Brutsaison, denn die Kammern werden dann als Schlafplätze genutzt. Das gemeinschaftliche Schlafen könnte auch erklären, warum diese Vögel in Südamerika in kälteren und weiter südlich gelegenen Gebieten leben und brüten können als die meisten anderen Papageien.

Alle Vögel der Kolonie, einschließlich der nicht brütenden Jungvögel, tragen zur Entstehung und zur Instandhaltung des Gesamtbauwerks bei. Mit ihren beeindruckenden Schnäbeln schneiden sie geeignete Zweige von einer Vielzahl von Bäumen und Büschen in der Umgebung ab. Gerne verwenden sie dornige Zweige, da diese besser gegen Raubtiere schützen. Aggressionen zwischen Nachbarn kommen vor, doch auch kooperatives Verhalten wurde beobachtet. Dabei helfen nicht brütende Vögel gelegentlich an aktiven Nestern aus. Ob es sich dabei um verwandte Individuen handelte, ist unbekannt.

In ihrem ursprünglichen Lebensraum, den wilden Savannen Nordargentiniens, ist das Nistverhalten der Mönchssittiche faszinierend. Es kann jedoch zu einem ernsthaften Problem werden, wenn sie sich dazu entscheiden, auf Strom- oder Mobilfunkmasten zu bauen. Diese sind nicht dafür ausgelegt, fast 200 kg an Zweigen zu tragen, sodass die Gefahr eines Einsturzes oder Brandes mit Strom- und Serviceausfällen sehr groß ist. Aus diesem Grund sind die Vögel in städtischen Gebieten besonders unbeliebt.

Rechte Seite oben: Jedes Sittichpaar pflegt und modifiziert eine eigene Nistkammer innerhalb des Gesamtbauwerkes.

Rechte Seite unten: Mönchssittichnester können recht problematisch sein, wenn sie nicht auf einem Baum errichtet werden.

LIEBESNEST

Mönchssittiche sind nicht die einzigen Vögel, die beeindruckende Gemeinschaftsnester bauen. Sollten Sie einmal die Kalahari Wüste und ihr Umland besuchen, so fällt Ihnen vielleicht einmal ein seltsamer Heuhaufen auf, der irgendwie in einen Baum geraten ist. Bei näherem Hinsehen (nicht zu nah herangehen – Sie erfahren gleich warum) werden Sie feststellen, dass das Gebilde tatsächlich aus Heu oder trockenen Gräsern besteht, allerdings ist es größer und schwerer als die meisten landwirtschaftlichen Heuhaufen. Einige Teile des Bauwerks sind genauso kompakt, an anderen Stellen ist die Konstruktion locker, und an der Unterseite hat sie zahlreiche Löcher. Tatsächlich war kein Bauer an der Herstellung dieses Gebildes beteiligt – es wurde ausschließlich von Vögeln erbaut.

Verantwortlich für diese „Heuhaufen" sind Siedelweber, kleine und eher schlicht aussehende Vögel, die längst nicht so bunt sind wie die Bajaweber aus dem vorigen Kapitel. Doch die glanzlose Erscheinung spiegelt gewissermaßen ihre eher egalitäre Lebensweise wider. Die Brutpaare sind während der gesamten Saison monogam, und zahlreiche Individuen, vor allem junge Männchen, packen überall mit an – vom Bau an Nestern, die nicht ihre eigenen sind, bis hin zur Brutpflege. Einige glückliche Paare haben bis zu neun Nesthelfer, meist jüngere Vögel, mit denen sie verwandt sind.

Insgesamt kann das Gemeinschaftsnest der Siedelweber ein paar Hundert Vogelpaare fassen, und die größten Nester können über eine Tonne wiegen. Doch wozu das alles, wo doch die meisten Webervögel individuelle Nester bauen? Wir haben gesehen, wie Bajaweber davon profitieren, nebeneinander zu leben, dabei aber eine gewisse Unabhängigkeit und Privatsphäre wahren und nur für ihr eigenes Nest verantwortlich sind. Bei den Siedelwebern geht es zu wie in einer überfüllten Einzimmerwohnung. Sie hören ihre Nachbarn nicht nur, sondern spüren auch, wenn sie sich beim Kommen und Gehen an die gemeinsamen Trennwände pressen. Zusätzlich verbreiten sich Krankheiten und Parasiten rasant in dieser dicht gedrängten Gemeinschaft.

Auch für den Bau, die Instandhaltung und Erweiterung des Strohdachs, das alle Nistkammern überspannt, sind die Siedelweber gemeinsam verantwortlich. Dabei besteht das Risiko, dass die gesamte Konstruktion so groß und schwer wird, dass sie den tragenden Baum zum Einsturz bringt. Das bedeutet Lebensgefahr für alle Vögel im Inneren, und die gesamte Kolonie müsste wieder von vorne anfangen.

Doch trotz dieses Drucks und der Risiken ist die enge Gemeinschaft der Siedelweber wesentlich friedlicher als eine Bajaweberkolonie. Es gibt weniger Aggressionen und viel gütliche Zusammenarbeit, denn ihr Nest stellt so viel mehr als nur einen Ort dar, an dem Eier gelegt und bebrütet werden, und an dem man Küken durchfüttert, bis sie das Nest verlassen.

Linke Seite: Die Einfluglöcher zu den Nestern der Siedelweber befinden sich an der Unterseite des Bauwerks, die Oberseite dient als isolierendes Strohdach.

Wie die Mönchssittiche nutzen auch Siedelweber ihre Gemeinschaftsnester das ganze Jahr über, denn dort gibt es nicht nur Nist- sondern auch Schlafkammern. Wenn die Brutzeit vorbei ist und der bittere Kalahariwinter naht, ziehen viele kleine Vögel, die in der Region brüten, nach Norden in Richtung Äquator. Die Siedelweber können sich den mühsamen Zug jedoch ersparen, denn sie funktionieren die zentralen Kammern ihres Nests zu behaglichen Winterquartieren um. Diese werden umso gemütlicher, wenn sich vier oder fünf erwachsene Vögel darin zusammenkuscheln. Die extra Anstrengung, die jeder Vogel in das gemeinsame Zuhause steckt, und die Tendenz der Jungvögel, andere Brutpaare zu unterstützen anstatt selbst ein neues Leben zu beginnen, zahlen sich nun aus. Ihr Sozialverhalten ermöglicht es ihnen, ganzjährig in einer Umgebung zu gedeihen, die für viele andere kleine Vogelarten im Winter zu lebensfeindlich ist.

Wie jede Gemeinschaft kann auch ein Siedelwebernest nicht ohne die Zusammenarbeit und den Altruismus seiner Mitglieder funktionieren. Das ist jedoch eine inhärente Schwäche, die das System anfällig für Ausbeutung macht. Wenn ein Individuum gegen die „Regeln" verstößt und nur im Eigeninteresse handelt, profitiert es davon weit mehr als seine uneigennützigen Mitstreiter, die zumindest einen Teil ihrer Zeit für das Gemeinwohl aufwenden. Und wenn es zu viele solcher Betrüger gibt, bricht das System zusammen.

In unserer eigenen Gesellschaft gibt es Sanktionen und Bestrafungen für egoistisches Verhalten. Das ist bei den Siedelwebern nicht anders. Ein einfaches Beispiel zeigt die Nestpflege: Die Arbeit an der eigenen Nestkammer stellt ein egoistisches Verhalten dar, während die Arbeit am gemeinschaftlichen Strohdach altruistisch geprägt ist. Es wurde beobachtet, dass Vögel, die sich hartnäckig vor der Wartung des Daches drücken, von anderen aggressiv angegangen werden. Jeder achtet darauf, was die andern tun und wann. Gemaßregelte Vögel reagieren, indem sie härter an gemeinnützigen Aufgaben arbeiten.

Links: Ein voll entwickeltes Siedelwebernest kann mehr als 1000 kg wiegen. Umso erstaunlicher, dass es von 29 g schweren Vögeln aus Strohhalmen gebaut wird.

Rechte Seite: Die Nestbewohner haben ein wachsames Auge auf alles was unter ihnen geschieht.

UNGEBETENE GÄSTE

Erinnern Sie sich an die Empfehlung, dem Siedelwebernest nicht allzu nahe zu kommen, wenn Sie es untersuchen? Das liegt nicht etwa an den für uns völlig harmlosen Webern, sondern vielmehr an den verschiedenen „Untermietern", die das Nest anzieht. Insbesondere an einer furchterregenden Wespenart, die ihre eigenen kleinen Nester an der Unterseite des Gemeinschaftsnests baut – die halbsoziale *Belonogaster lateritia*. Die Anwesenheit der Wespen scheint die Weber nicht zu stören, die Insekten fungieren sogar als wirksame Leibwächter für die Vögel, indem sie jeden potenziellen Eindringling angreifen und stechen.

Auch zahlreiche andere Arten können sich das Nest mit den Siedelwebern teilen, wobei eine Vogelart völlig auf die Nester von Webervögeln angewiesen scheint: der Halsband-Zwergfalke – ein charmanter kleiner Raubvogel, der hauptsächlich kleine Nagetiere jagt. Seine vollständige Abhängigkeit von den Nestern anderer Vögel macht ihn zu einem „obligaten Nestparasiten", was in der Natur sehr selten vorkommt. Beim Brutparasitismus legt ein Vogel seine Eier in das Nest eines anderen – eine deutlich häufigere Strategie. Das würde in diesem Fall jedoch nicht funktionieren, da Webervögel und Falken sowie deren Küken sich sehr unterschiedlich ernähren.

Trotz seiner geringen Größe ist der Halsband-Zwergfalke recht kämpferisch veranlagt und trägt wie die Wespen dazu bei, Raubtiere vom Nest fernzuhalten. Im Gegensatz zu den Wespen jagt er jedoch auch kleine Vögel. Für die Falken liegt die Attraktivität des Arrangements also auf der Hand: Sie bekommen eine schöne, sichere Nisthöhle gestiftet und sind von Nahrung umgeben, vor allem dann, wenn die pummeligen und leicht zu fangenden jungen Weber aus ihren Nestern schlüpfen. Es erinnert beinahe an Schutzgelderpressung: Die Weber profitieren von der Wachsamkeit der Falken gegenüber anderen Raubtieren, und im Gegenzug schnappen sich diese ein paar Jungvögel. Vermutlich halten sich Verlust und Gewinn so die Waage, dass auch die Weber von diesem Zusammenleben profitieren. Vielleicht haben sie auch einfach keine andere Wahl.

Auch andere Vogelarten nutzen erwiesenermaßen die Nester der Siedlerweber. Dazu gehören Rotkopfamadinen, Rosenköpfchen, Rotstirn-Bartvögel und Akazienrußmeisen. Und nicht nur Vögel lassen sich dort nieder: Der Kalahari-Baumskink, eine Klettereidechse, nutzt nicht nur deren Behausung, sondern belauscht auch ihre Unterhaltungen. Sobald er hört, dass sich die Weber gegenseitig vor einem nahenden Raubtier warnen, läuft er davon und versteckt sich.

Linke Seite oben: Die nachts kühle Kalahari Wüste ist eine Hochburg dieser Webervögel.

Linke Seite unten: Dieser Halsband-Zwergfalke musste sich etwas verbiegen, um in die Nestkammer eines Siedelwebers zu passen.

Auch in Südamerika leben verschiedene Vogelarten, wie etwa Mönchssittiche und Jabirustörche zusammen. In diesem Fall wird jedoch der Gemeinschaftsbrüter zum Trittbrettfahrer. Der Jabiru ist ein großer, imposanter Vogel, der ein großes, breites Nest aus Zweigen in entsprechend stabile Bäume baut. Das Nest ähnelt von vornherein dem der Mönchssittiche, und so ist es nicht weiter verwunderlich, dass diese an der Unterseite ihre eigenen Nistkammern anbringen. Die Jabirus scheinen sich nicht weiter an diesen Eindringlingen zu stören. Sie sind selbst Koloniebrüter und schätzen die Vorteile eines Lebens in der Gruppe. Für die Mönchssittiche hat diese Konstellation bestimmt Vorteile, denn Mönchssittichkolonien in Jabirunestern weisen eine meist überdurchschnittliche Größe auf und haben einen höheren Bruterfolg. Möglicherweise beflügelt es, mit jemandem zusammenzuleben, der viel größer und stärker ist.

In Spanien, wo der Mönchssittich eine eingeführte Art ist, besiedelt er manchmal die Horste des Weißstorchs. Obwohl der Weißstorch nicht so groß oder bedrohlich wie der Jabiru ist, stellt er dennoch einen großen, kräftigen Vogel dar, dem keine in Spanien vorkommende Greifvogelart ernsthaft gefährlich werden kann. Studien zeigen, dass die Mönchssittiche ausfliegen, wenn sich ein Greifvogel ihrem Nest nähert. Das bleibt ihnen erspart, wenn sich ihr Nest am Horst eines Weißstorchs befindet. Da sie dadurch nicht ständig vom Nest verscheucht werden, können die Sittiche ohne Unterbrechungen brüten und sind dabei wahrscheinlich auch zufriedener und gesünder.

Mönchssittichnester wurden auch unter Fischadlerhorsten gefunden. Wie der Jabirustorch bauen Fischadler große Reisignester, die sie Jahr für Jahr erweitern – das perfekte Gerüst für eine Mönchssittichkolonie. Die Greifvögel ernähren sich nur von Fischen und stellen deshalb keine Gefahr für die Sittiche dar, die jedoch von der imposanten Präsenz und Wehrhaftigkeit der Adler gegen Eindringlinge profitieren.

Es wurden auch bereits Fälle dokumentiert, in denen die Mönchssittiche als Erste nisteten, bevor sich dann ein anderer größerer Vogel über ihnen niederließ. Aus Südamerika wird berichtet, wie sich ein Paar Virginiauhus – sehr große Eulen, die oft die Nester anderer Vögel nutzen – auf einem Sittichnest ansiedelte. Der Beobachter bemerkte, dass die Sittiche sich von ihren neuen, furchterregenden Mitbewohnern nicht stören ließen. Vielleicht wussten sie ja, dass die Eulen hauptsächlich Säugetiere fressen und die wenigen Vögel, die sie erbeuten, meist am Boden und nicht in der Luft geschlagen werden. Somit hätten sie wohl kaum die umherfliegenden Sittiche angegriffen.

Die Anwesenheit eines solchen Spitzenräubers, der dazu noch dafür bekannt ist, seine Eier und Jungen aufs Heftigste zu verteidigen, wird fast alle anderen Raubtiere davon abhalten, sich dem Nest zu nähern. Doch auch derartige Arrangements stoßen an Grenzen. Wenn südamerikanische Tropfenfalken bei den Mönchssittichen einziehen, verlassen die Sittiche meist das Nest, in dessen Bau sie so viel Zeit investiert haben. Für die Sittiche ist das eine schwerwiegende Entscheidung und deutet darauf hin, dass die Vögel jagenden Falken einfach zu gefährlich sind, um toleriert zu werden.

Rechte Seite: Ein Paar Jabirustörche in ihrem Nest, das in diesem Fall noch nicht von Mönchssittichen besiedelt wurde.

Links: Wenn Kuhreiher ein Nest mit Weißstörchen teilen, ist das eher ungewöhnlich.

Unten: Mehrere Brutpaare von Weidensperlingen sind in die „unteren Etagen“ dieses aktiven Weißstorchenhorsts eingezogen.

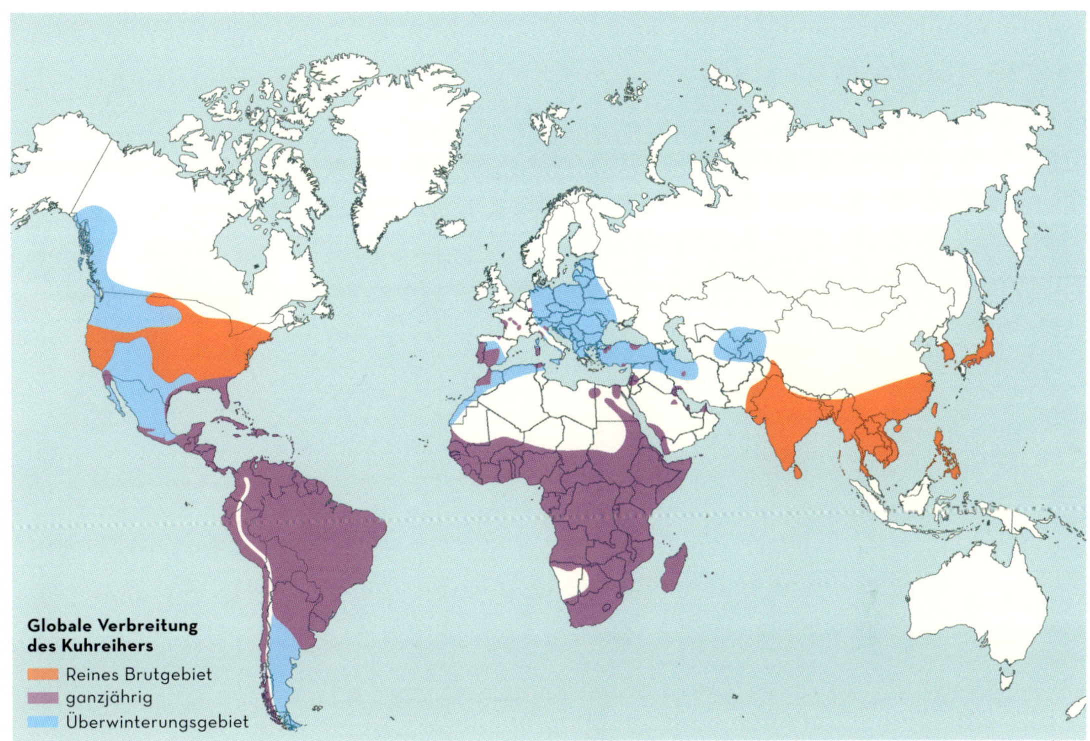

Der Kuhreiher ist einer der am weitesten verbreiteten Vogelarten der Welt. Das liegt auch daran, dass er sich sowohl Nutztieren als auch wilden Pflanzenfressern anschließt. Sein Brutgebiet überschneidet sich in Europa mit dem des Weißstorchs und mit denen vieler anderer Storchenarten in anderen Teilen der Welt.

In Europa teilen sich Weißstörche ihr Nest nicht nur mit Mönchssittichen, sondern auch mit Kolonien von Weiden-, Haus- und Feldsperlingen, die ihre kugelförmigen Nester aus weichen Gräsern zwischen den Zweigen im unteren Teil des Storchennests anlegen. Das kommt den Spatzen sehr gelegen, auch wenn sich die Störche gelegentlich einen von ihnen greifen und fressen.

Auch Stare und Ringeltauben wurden dabei beobachtet, wie sie ihre Nester in den Horst von Weißstörchen einbauten, doch wirklich überraschend war ein Fall in Frankreich, in dem mehrere Kuhreiherpaare ihre Nester an ein bestehendes Weißstorchnest anbauten. Einige Nestmulden der Reiher befanden sich fast auf gleicher Höhe mit dem Storchennest, sodass sich die Bewohner beider Nester während der gesamten Saison auf Augenhöhe begegneten. Aufgrund ihrer Größe und ihrer Nahrungsvorlieben stellten beide Arten eine potenzielle Gefahr für die jungen Küken des jeweils anderen dar, doch alles ging gut, und am Ende der Saison wurden zwei junge Störche zusammen mit mehreren jungen Reihern flügge.

DER RIESENANI

Verbreitungskarte des Riesenani

Kuckucke verkörpern den Brutparasitismus und damit einen der unheimlichsten Vorgänge in der Natur. Als soziale Spezies sind wir fassungslos über die Dreistigkeit eines Vogels, der sich jeder elterlichen Verantwortung entzieht, indem er sein Ei in das Nest eines anderen Vogels legt, um sich dann für immer aus dem Staub zu machen. Als (gelegentlich) mitfühlende Spezies sind wir auch entsetzt über die folgenden Ereignisse: Die erste Tat des frisch geschlüpften Kuckucks besteht darin, seine Ziehgeschwister – gleich ob geschlüpft oder nicht – aus dem Nest ins Verderben zu stoßen, um so die ungeteilte Aufmerksamkeit der Pflegeeltern zu erlangen.

Dieser Modus Operandum ist nicht nur dem in ganz Eurasien lebenden Kuckuck zu eigen, sondern auch mehreren anderen Kuckucksarten. Auch bei Honiganzeigern, Witwenvögeln und Kuhstärlingen kann man diesen obligaten Brutparasitismus beobachten. Jedoch dürfen wir dieses Vorgehen ebenso wenig verurteilen wie andere evolutionäre Anpassungen, sei es die Neigung der Löwen zum Infantizid oder sexuelle Gewalt unter Bettwanzen. Allerdings kann man schon fragen, wie es zu diesem eher ungewöhnlichen Brutverhalten kommen konnte.

Kuckucke oder Cuculidae sind eine sehr große Familie und nur ein kleiner Teil der Arten sind Brutparasiten. Die meisten bauen ihre eigenen Nester und kümmern sich um ihre eigenen Jungen. Einer dieser nicht parasitären Kuckucke ist der Riesenani, ein großer, schwarzglänzender Vogel mit langem Schwanz, leicht chaotischem Auftreten und einem eigentümlichen Kiel entlang der Schnabeloberkante. Er lebt in saisonal überschwemmten Wäldern Mittel- und Südamerikas und baut ein Gemeinschaftsnest, so wie auch die beiden anderen Aniarten und der ebenfalls in Südamerika beheimatete Guirakuckuck.

Diese Nester sind massige Reisigbündel in einem Baum, der in der Regel über das Wasser hängt. Dabei sind sie kleiner als die Nester der Siedelweber oder

Oben: Der Riesenani ist ein im tropischen Tiefland Nord- und Zentralsüdamerikas weitverbreiteter Vogel.

Rechte Seite: Der Riesenani ist ein auffallend hübscher Vogel. Seine spechtähnlichen Füße geben ihm Halt, und mit seinem langen Schwanz hält er das Gleichgewicht, wenn er zwischen den Bäumen am Flussufer herumklettert.

Das zuerst gelegte Ei im Riesenani-Nest wird wahrscheinlich vom nächsten Weibchen, das zum Legen kommt, hinausgeworfen. Sobald ein Weibchen jedoch mindestens ein Ei ins Nest gelegt hat, wirft es keine Eier mehr hinaus, denn es könnten ja ihre eigenen sein.

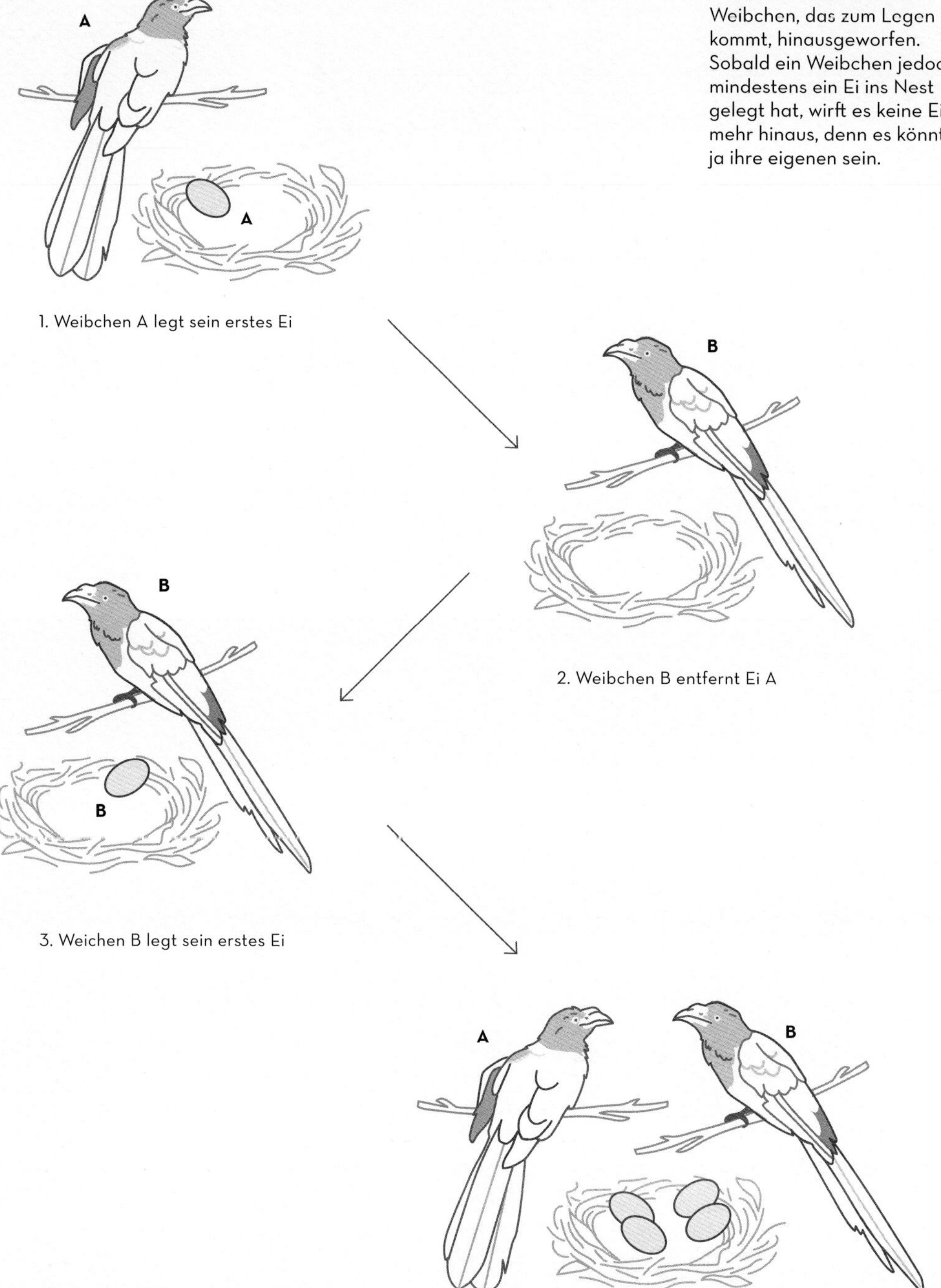

1. Weibchen A legt sein erstes Ei

2. Weibchen B entfernt Ei A

3. Weichen B legt sein erstes Ei

4. Der Auswurf endet, und das Gelege kann anwachsen

Alle Mitglieder der Riesenanibrutgruppe halten ständig nach Baumschlangen Ausschau, die es auf ihre Eier und Küken abgesehen haben.

der Mönchssittiche, denn sie werden von höchstens vier brütenden Anipaaren gemeinsam genutzt. Die nistenden Vögel teilen sich die Arbeit des Nestbaus und alle weiteren Aufgaben – vom Ausbrüten und der Aufzucht der Küken bis hin zur Verteidigung gegen Gefahren. Doch wem gehören die Küken? Allen, denn die Weibchen legen alle Eier in das gemeinsame Nest, obwohl sie genetisch nicht miteinander verwandt sind.

Diese Art der kooperativen Aufzucht ist sehr ungewöhnlich, und das seltsame Arrangement des Riesenani wirkt noch merkwürdiger, wenn man die Weibchen bei der Eiablage beobachtet. Bevor es sein erstes Ei legt, rollt ein Weibchen mühsam alle bereits im Nest befindlichen Eier hinaus und lässt sie ins Wasser fallen. Es weiß, dass seine eigenen Eier nicht dabei sind, da es selbst noch nicht gelegt hat. Wenn es jedoch zurückkehrt, um sein zweites Ei zu legen, wird es die vorhandenen Eier in Ruhe lassen, da sich sein eigenes darunter befinden könnte. Somit verliert das Weibchen, das als Erstes legt, mit Sicherheit sein erstes Ei und höchstwahrscheinlich noch weitere, vor allem dann, wenn es den anderen um ein paar Tage voraus ist. Jedes Weibchen kann bis zu sieben Eier legen. Daher bleiben, wenn alle fertig sind, oft bis zu zehn oder noch mehr Eier im Nest übrig, selbst wenn die meisten (bis zu 19 wurden schon gezählt) im Wasser landen. Das Weibchen, das es sich am längsten verkniffen und sein erstes Ei zuletzt gelegt hat, ist der Gewinner dieses „Spiels“. Es allein kann sicher sein, dass keines seiner Eier herausgeworfen wurde.

Dieser knallharte, machiavellistische Wettbewerb klingt nach einem Albtraum für die Vögel, doch das Verhalten bietet auch Sicherheit in der Gruppe. Bis zu 70 % der Riesenaninester werden von Schlangen angegriffen, und je mehr Vögel das Nest verteidigen, desto größer sind ihre Chancen, die Brut zu retten.

ARTENPROFIL

DIE SPALTFUSSGANS

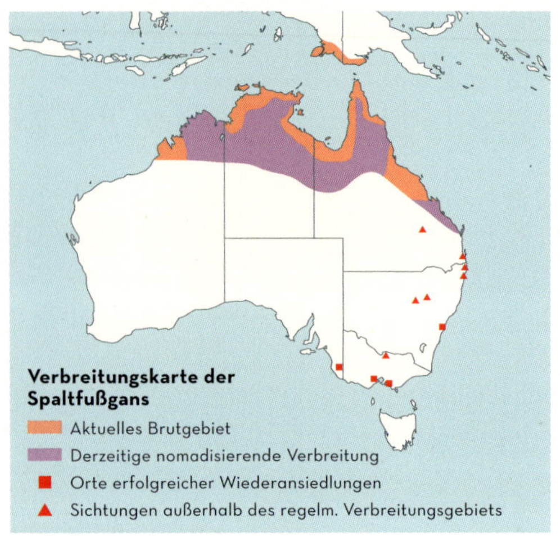

Vor der Ankunft der Europäer war die Spaltfußgans in Australien deutlich weiter verbreitet. Jetzt laufen Projekte, um sie in einigen ihrer früheren Brutgebiete wieder anzusiedeln.

Die Spaltfußgans muss Besseres zu tun gehabt haben, als die Vögel mit Schönheit ausgestattet wurden. Mit ihrer schlaksigen, langhalsigen und langbeinigen Gestalt, dem kahlen, rosafarbenen Gesicht und der beinahe komisch anmutenden runden Beule auf dem Kopf ist diese in Kolonien brütende australische Ureinwohnerin ein auffälliger und eigentümlicher Vogel. Sie ist mit den Gänsen und anderen Wasservögeln verwandt, weist aber einige wichtige Unterschiede auf, die sich in der Taxonomie widerspiegeln. So gehört sie nicht zur selben Familie wie andere Wasservögel, sondern repräsentiert als einzige Art die Familie Anseranatidae. Dieser Familienname setzt sich aus den lateinischen Wörtern für „Gans" (anser) und „Ente" (anas) zusammen. Tatsächlich sieht dieser Vogel wie ein scheckiger, klobiger Schwan oder wie ein „hässliches Entlein" ohne das märchenhafte Ende aus.

Doch Schönheit liegt im Auge des Betrachters, und viele männliche Spaltfußgänse verdrehen nicht nur einer, sondern gleich zwei zukünftigen Partnerinnen den Kopf. Von Polygynie spricht man, wenn sich ein Männchen mit mehreren Weibchen paart. Das ist nicht unbedingt selten unter Vögeln, doch bei der Spaltfußgans insofern ungewöhnlich, als dass sich Männchen und Weibchen ähnlich sehen. Bei den meisten polygynen Vögeln zeigt sich das Männchen deutlich auffälliger als das Weibchen. Letzteres sucht den Partner aufgrund des Aussehens und einer allgemein guten körperlichen Verfassung aus. Elterliche Fähigkeiten werden kaum abgefragt, denn das Weibchen weiß, dass es bei der Aufzucht nur bedingt unterstützt wird.

Bei der Spaltfußgans liegen die Dinge jedoch anders. Die beiden Weibchen des Trios sind meist recht eng miteinander verwandt und anstatt zu konkurrieren, sind sie ebenfalls Partner. Das Männchen ist gleichermaßen an der Aufzucht beteiligt, und zusammen bilden die drei Vögel eine äußerst effektive Elterneinheit. Gemeinsam bauen und verteidigen sie ihr Nest am Ufer – ein Gemeinschaftsgelege, in das beide Weibchen bis zu 16 Eier legen. Im Gegensatz zu anderen Arten, deren Individuen sich ein Nest teilen, versucht keines der beiden Weibchen, die Eier des anderen loszuwerden. Alle drei Vögel teilen sich das Ausbrüten und die Pflege

Oben: Spaltfußgänse bilden stabile Paar- oder Dreiecksbeziehungen. Außerhalb der Brutsaison schließen sie sich jedoch zu größeren Schwärmen zusammen.

Unten: Eine männliche Spaltfußgans mit ihren beiden weiblichen Partnern. Dies ist eine echte gleichberechtigte Partnerschaft von drei Individuen, die über mehrere Jahre andauern kann.

der Küken einschließlich der Fütterung, um die sich Enten, Gänse und Schwäne nicht kümmern müssen. Darüber hinaus bestehen ihre Bindungen über Jahre hinweg, und das obwohl sie oft in beengten Kolonien nisten, die Gelegenheit zur Untreue bieten. Da es sich um langlebige Vögel handelt, bleiben manche Trios jahrzehntelang zusammen. Das unausgewogene Geschlechterverhältnis in der Brutpopulation bedeutet jedoch, dass ein beträchtlicher Teil der Männchen potenziell jahrelang keine Gelegenheit zum Brüten bekommt. Nicht brütende Männchen verbringen die Saison in der Regel außerhalb der Brutkolonien.

KAPITEL 4

TUNNELBAU

Was könnte einen mit der Gabe des Fliegens ausgestatteten Vogel dazu bewegen, einen Tunnel in die Erde zu wühlen? Die Fähigkeit, hoch in den Bäumen zu nisten, ist zweifellos eine bewährte Methode, um sich und seinen Nachwuchs vor Landraubtieren zu schützen, doch für manche Vögel sind Angriffe aus der Luft das größere Problem. Ist aber der Zugang zum Nest ein Loch, durch das sie selbst nur knapp hindurchpassen, wird ihnen kein größerer Vogel dorthin folgen können. Unterirdisches Nisten kann zudem neue Lebensräume erschließen, wo Bäume und Felsvorsprünge rar sind.

Einige Vogelarten meißeln ihre Nisthöhlen in Bäume, doch sich durch Holz zu hacken, ist harte Arbeit und erfordert eine spezielle anatomische Ausstattung. Im Boden gräbt es sich dagegen deutlich leichter, und Arten, die Nisthöhlen anlegen, gibt es in einer ganzen Reihe unterschiedlicher Vogelfamilien. Einige davon sind kleinere Seevögel, unter anderem Mitglieder der Alken- und Sturmvogelfamilien. Aufgrund ihrer hervorragenden Anpassungen an das Leben auf dem Meer können sie sich an Land nur unbeholfen fortbewegen und sind dadurch besonders gefährdet. Wenn sie fast unmittelbar nach der Landung in einer Höhle verschwinden können, ist es weniger wahrscheinlich, dass sie von größeren, agileren Raubtieren wie Möwen und Skuas ihrer Nahrung beraubt oder gar selbst gefressen werden. In der Höhle sind auch ihre Eier und Küken vor diesen Plünderern geschützt. Die kleinsten höhlenbrütenden Seevögel wie die Sturmschwalben und Krabbentaucher graben meist nicht selbst, sondern nisten in bereits vorhandenen Höhlen und Spalten. Diese können von anderen Tieren in den Boden getrieben worden sein, oder es handelt sich einfach um natürliche Felsnischen an einem Schutthang oder Geröllstrand.

Vogelarten, die in Erdhöhlen brüten, finden sich auch bei verschiedenen Vogelfamilien, die sich auf den Fang von Fluginsekten spezialisiert haben, beispielsweise Schwalben und Bienenfresser. Auch Kuriositäten wie die Schwalbentangare, deren engste Verwandte behäbige Obstfresser sind, gehören dazu. Der Insektenfang im Flug ist eine hoch spezialisierte Fähigkeit, insbesondere, wenn es sich bei der Beute um ausgezeichnete Flieger wie Libellen oder wehrhafte Insekten wie Bienen handelt. Vogelarten mit dieser Ernährungsweise haben in der Regel eine ähnliche Körperform. Spitz zulaufende Flügel mit breiter Basis ermöglichen erstaunliche Geschwindigkeiten und ein langer, oft gegabelter Schwanz befähigt sie zu scharfen, schnellen Wendungen. Ein großer Schnabel – manchmal auch ein kleiner mit großem Maul – erleichtern den Fang, und eher kurz geratene Beine mit kleinen Füßen kommen ihnen nicht in die Quere. Dabei sind diese Beine und Füße jedoch keineswegs nutzlos. Zusammen mit dem Schnabel werden sie zum Graben der Höhle eingesetzt. Diese Vögel nisten in der Regel in Böschungen, die sich häufig an den Ufern von Seen oder Flüssen befinden – am besten hoch und steil. Dort befinden sich die für Ratten, Wiesel und

Seite 76: Sein finsterer Blick schützt die Augen des Kaninchenkauzes vor grellem Sonnenlicht, wenn er sich tagsüber aus seinem Bau herauswagt.

Linke Seite: Den Lärm und die Farben einer Kolonie von Scharlachspinten kann man unmöglich übersehen.

andere Kleinsäuger, die sich in die Höhle zwängen könnten, unzugänglichen Nester. Auch größere Säugetiere wie Dachse, die sie ausgraben könnten, kommen nicht heran.

Die meisten Vögel, die in Erdhöhlen brüten, leben in Kolonien. Sie ernähren sich mehrheitlich von hochmobiler Beute und müssen auf der Suche nach guten Nahrungsvorkommen entsprechend weite Wege zurücklegen. Daher wäre es auch wenig sinnvoll, ein Jagdrevier zu verteidigen. Das bedeutet aber nicht unbedingt, dass die Kolonie eine eingeschworene Gemeinschaft ist. Sturmtaucher beispielsweise brauchen eine Insel mit direktem Zugang zum Meer, auf der es keine räuberischen Säugetiere gibt und in deren Boden sie leicht graben können. Es gibt nicht viele Inseln, die all diese Bedingungen erfüllen, und die besten davon ziehen in der Regel viele Sturmtaucher an, die dort riesige Kolonien bilden. Diese sind jedoch kaum mehr als lose Ansammlungen von Nestern, die umstandsbedingt im selben Gebiet liegen. Es gibt wenig direkte Interaktionen zwischen den Nachbarn.

BÖSCHUNGSGEMEINSCHAFTEN

Während Sturmtaucher ihre Nachbarn weitgehend ignorieren, geht es in den Kolonien der Spinte (Bienenfresserartige) ganz anders zu: Gemeinschaftliches Handeln ist für diese farbenprächtigen Vögel überlebenswichtig, doch Konflikte und soziale Spannungen gehören zum Alltag. Die in der Alten Welt beheimateten Spinte sind eine Familie von etwa 27 Arten und auf die Jagd nach größeren Fluginsekten spezialisiert. Sie fangen ihre Beute geschickt im Flug und haben, wie der Name Bienenfresser schon sagt, eine besondere Vorliebe für Bienen und Wespen. Junge Bienenfresser erlernen schnell die Kunst, den Körper der Insekten gegen ihre Sitzwarte zu schlagen und zu reiben, bis das Gift aus Stachel und Giftdrüse gequetscht ist, bevor sie ihre Beute verschlucken.

Die meisten Bienenfresserarten nisten in Kolonien. Brutpaare graben gemeinsam ihre Bruthöhle in eine steile oder sogar senkrechte Erd- oder Sandbank. Diese anstrengende Tätigkeit kann mehrere Wochen dauern, und oft nutzen sich die Schnäbel der Tiere dabei stark ab. Die fertige Röhre kann über 1 m lang werden, bevor sie sich zu einer Brutkammer erweitert, in die das Weibchen seine Eier ablegt. Ein solches Nest ist in der Regel vor opportunistischen Räubern geschützt und dennoch sind manche Höhlen sicherer als andere, je nach ihrer Position innerhalb der Kolonie.

Die dominantesten Vögel belegen die besten Plätze, und Dominanz muss sein, wenn man seine Höhle nicht an ein anderes, durchsetzungsfähigeres Brutpaar verlieren will. Dabei ist es unbedingt einen Versuch wert, anderen eine Höhle abzujagen. Schließlich kostet es viel weniger Kraft, einen beinahe oder ganz fertiggestellten Bau in guter Lage zu ergattern, als selbst zu graben, und dazu noch an einer schlechteren Stelle. Unerfahrenen jungen Paaren gelingt es jedoch nur selten, andere zu verdrängen, sodass sie sich meist am Rand der Kolonie niederlassen müssen.

Rechts oben: Europäische Bienenfresser sehen zwar nicht gerade wie Maulwürfe aus, aber ihre langen Schnäbel und kleinen Füße sind erstaunlich effektive Grabwerkzeuge.

Rechts unten: Die Röhren der Bienenfresser sind für die erwachsenen Tiere und ihre wohl entwickelten Küken ziemlich eng.

Etwa jedes fünfte Bienenfresserpaar hat mindestens einen „Vollzeithelfer" am Nest. Bei den Weißstirnspinten sind es sogar drei von fünf Paare, deren Chancen auf Bruterfolg sich durch die Anstrengungen eines Helfers verbessern. In der Regel sind diese Helfer mit den Brutpaaren verwandt, meist handelt es sich um junge, erwachsene Söhne. Oft schließt sich eine Handvoll verwandter Brutpaare mitsamt Helfern zu einem „Klan" mit besonders engen sozialen Bindungen zusammen. Sie nisten zwar nur selten nebeneinander, doch sie treffen sich auf Sitzwarten außerhalb der Kolonie und dürfen gegenseitig die Höhlen der anderen betreten. Innerhalb des Klans steht man sich auch gegen Artgenossen bei, die versuchen, eine Höhle mit Gewalt an sich zu reißen. Sollte jedoch ein gefährliches Raubtier irgendein Nest in der Kolonie bedrohen, werden alle Differenzen beiseitegelegt, und die Vögel setzen den Angreifer geeint unter Druck.

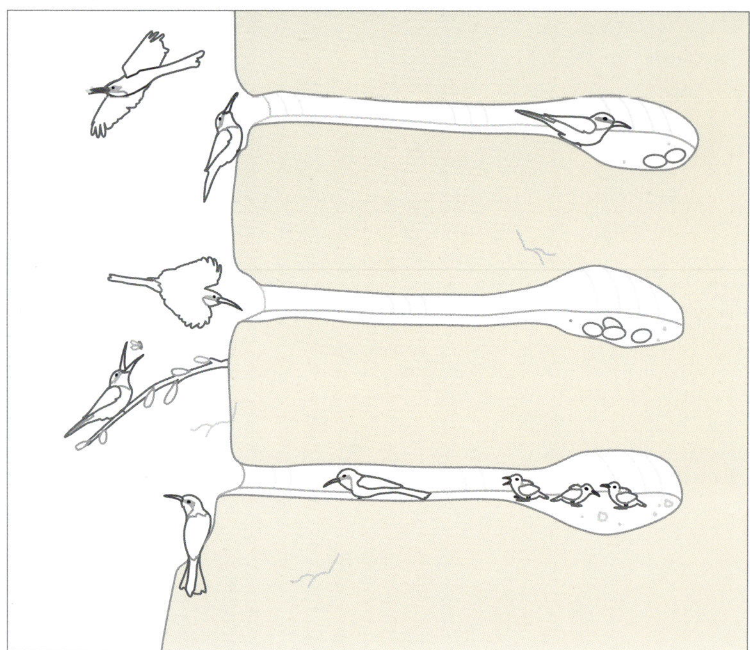

Links: Die Brutröhre des Bienenfressers ist etwa 1 m lang, sodass sich Außentemperaturen kaum auf die Brutkammer an ihrem Ende auswirken.

Rechte Seite: Der Rotkehlspint (auch Grünstirnspint) bildet „Klans" von 2–4 verwandten Paaren mitsamt ihren Helfern. Sie nisten dicht beieinander, und gelegentlich besuchen sie sogar die Höhlen der anderen.

Das Bedürfnis nach Helfern ist so groß, dass erwachsene Weißstirnspintpaare bisweilen sogar die Brutversuche des eigenen Sohnes so lange sabotieren, bis dieser aufgibt und stattdessen die Eltern unterstützt. Dieses Phänomen bezeichnet man als Verwandtenselektion. Durch sexuelle Fortpflanzung werden mit jedem Nachkommen 50 % der eigenen Gene an die nächste Generation weitergegeben – ein starker instinktiver Anreiz. Die Zeugung von Nachkommen ist jedoch nicht der einzige Weg, um dies zu erreichen. Auch jedes vollbürtige Geschwisterchen besitzt 50 % der eigenen Gene. In Bezug auf den genetischen Wettlauf des Lebens ist es somit besser als Nichts, den leiblichen Eltern bei der Aufzucht späterer Bruten zu helfen.

Wenn zwei Weißstirnspinte einmal erfolgreich das Nest ihres Sohnes zerstört haben und er beschließt, ihnen als Helfer zur Seite zu stehen, passt das den Eltern natürlich wunderbar und stellt dazu einen akzeptablen Kompromiss für den Sohn dar. Aber was ist mit seiner Gefährtin? Genetisch gesehen hat sie nichts davon, ihren „Schwiegereltern" bei der Aufzucht einer weiteren Brut zu helfen. Da es für sie aber wahrscheinlich zu spät ist, mit einem neuen Partner ein neues Nest zu beginnen, kann sie genauso gut den Schwiegereltern helfen. Dabei sammelt sie nicht nur wertvolle Erfahrungen, sondern hat auch die Möglichkeit, dem Gelege ein oder zwei eigene Eier unterzuschieben. Das ist großartig für sie und ihren Gefährten und keine Katastrophe für die Schwiegereltern, die neben dem eigenen Nachwuchs einfach ein paar Enkelkinder mit aufziehen. Gelegentlich kann sich

die Situation auch umkehren: Wenn ein älteres Paar sein Nest verliert – was meist eher auf natürliche Ursachen als auf Sabotage zurückzuführen ist – hilft es oft am Nest eines Verwandten mit.

Diese komplexe Dynamik entstand durch die Hauptursache für einen Brutverlust bei Weißstirnspinten – nämlich den Hungertod der Küken. Während ihre Nester in den Höhlen recht sicher sind, können sie sich nicht gegen ein schwankendes Nahrungsangebot wappnen und zahlreiche Faktoren beeinflussen, wie viele Fluginsekten zu einem bestimmten Zeitpunkt in der Nähe sind. Nester mit Helfern haben einen deutlich höheren Bruterfolg als solche ohne. Jeder brütende Vogel ist daher motiviert, Helfer zu finden, um seine Gene erfolgreich weiterzugeben, gescheiterte Brutpaare hingegen sind motiviert, ihre Verwandten zu unterstützen.

Für einen anderen Böschungsbrüter kommt das dicht gepackte Leben einer besonders reißerischen Seifenoper gleich. Die Ufer- oder Rheinschwalbe ist ein kleiner braun-weißer Vogel mit kurzem Schwanz und insgesamt weniger glamourös gekleidet als viele ihrer Verwandten, die sich in schillernden Blau-, Grün- und Violetttönen und mit dramatisch verlängerten Schwänzen präsentieren. Einer männlichen Uferschwalbe erscheint das weibliche Geschlecht dennoch unfassbar begehrenswert, und zwar vor allem dann, wenn es sich nicht um die eigene Brutpartnerin handelt. So verbringt das Männchen im Bestreben, seine Gene möglichst weit zu streuen, einen Großteil seiner Zeit damit, heimlich mit Nachbarinnen fremdzugehen. Doch andere Männchen halten es ganz genauso, und so versuchen alle, die

Unten: Eine männliche Uferschwalbe kümmert sich nur um ein Nest, könnte aber auch der genetische Vater diverser Nachbarküken sein.

Seite 86/87: Diese wohlgeordnet erscheinende Uferschwalbenkolonie ist in Wirklichkeit eine Brutstätte der Untreue und Promiskuität.

eigene Partnerin so gut es geht abzuschirmen. Schließlich kann ein Männchen seine Kraft nur in die Aufzucht einer Brut investieren, ganz egal wie viele Junge es zeugt, und so kämpft es darum, selbst nur seine eigenen genetischen Nachkommen durchfüttern zu müssen.

Weibchen, die sich neben ihrem Brutpartner mit anderen Männchen einlassen, haben zwar nicht mehr Eier im eigenen Nest, doch sie erhalten ein genetisch vielfältigeres Gelege. Bietet sich die Gelegenheit, so legen sie auch ein oder zwei Eier in die Nester der Männchen, mit denen sie fremdgegangen sind. Das gestaltet sich jedoch schwieriger als die Affäre selbst. Zwar können die Weibchen ihre Partner von Geschlechtsgenossinnen nicht fernhalten, doch wenn diese anderen dreisterweise auch noch versuchen, ihnen ihre Eier unterzujubeln, hat der Spaß ein Ende. Zudem gibt es auch Sanktionen für Weibchen, wenn der Partner sie beim Fremdgehen ertappt. Männchen, die mitansehen müssen, wie ihre Partnerin mit einem anderen kopuliert, arbeiten weniger hart an der Aufzucht der Brut, während Weibchen, die treuer oder zumindest diskreter sind, mit einem fleißigeren Partner und einer besseren Chance auf Bruterfolg belohnt werden.

Wie vielschichtig dieser Wettbewerb innerhalb und zwischen den Geschlechtern ist, wurde anhand der Spermien von Uferschwalben untersucht. Dank des übermächtigen Sexualtriebs der Vögel kann man verblüffend einfach das Sperma frei lebender Uferschwalben sammeln. Man muss nur ein halbwegs lebensechtes Modell einer weiblichen Uferschwalbe in der Kolonie platzieren, und schon bald wird sich ein Männchen auf die Puppe stürzen und eine Probe abliefern.

Diese Studien haben gezeigt, dass sich die Spermien verschiedener Männchen stark unterscheiden. Größere Vögel produzieren größere, langlebigere und langsamer schwimmende Spermien, während kleinere Vögel kleinere Spermien produzieren, die schnell schwimmen, aber früher absterben. Diese Unterschiede lassen auf unterschiedliche Befruchtungsstrategien schließen. Eine, die eindeutig starken Männchen zugutekommt, denen es möglich ist, ihre festen Partnerinnen vor anderen Freiern abzuschirmen, und eine für Männchen, die ihre Partnerinnen zwar oft nicht gegen größere Männchen verteidigen können, dafür aber produktive, heimliche Ehebrecher sind.

Studien haben auch gezeigt, dass ein Vogelmännchen bei der Paarung mehr Sperma ausstößt, wenn es sich dabei von Rivalen beobachtet weiß. Das kommt zum Tragen, wenn sich ein Weibchen kurz nacheinander von zwei Männchen begatten lässt, denn die Spermamenge kann darüber entscheiden, wer das nächste Ei befruchtet, unabhängig davon, wessen Spermien am schnellsten schwimmen. Daher ist es sinnvoll, mehr Spermien in die Paarung zu investieren, wenn ein Männchen „weiß“, dass seine Spermien gegen die eines Rivalen anschwimmen werden.

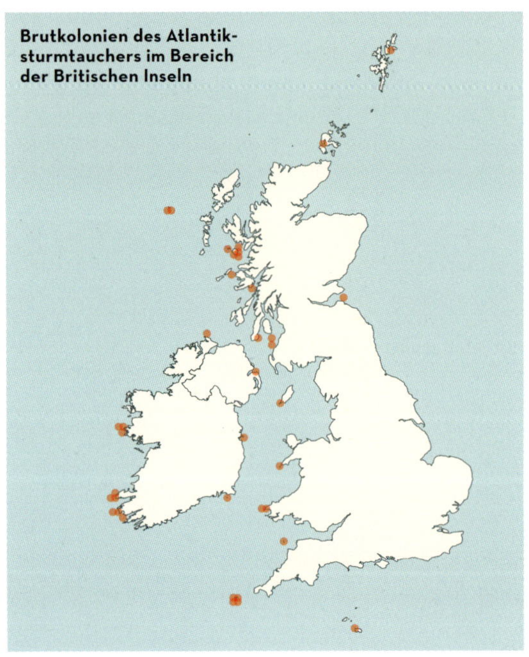

Oben: Die nächtlichen Flüge der Atlantiksturmtaucher zu ihren Brutkolonien sind ein dramatisches und lautstarkes Spektakel.

Links: Der Großteil der weltweiten Atlantiksturmtaucherpopulation brütet auf winzigen, raubtierfreien Inseln entlang der Nord- und Westküsten der Britischen Inseln.

EINE BOMBENSICHERE ANLAGE

Während der Sommermonate bieten die Farne-Inseln vor Northumberland ein ganz besonderes Spektakel für britische Vogelbeobachter. Wenn Sie auf Inner Farne angekommen sind und den Spießrutenlauf durch die aggressive Küstenseeschwalbenkolonie einmal hinter sich haben (mehr dazu später), finden Sie sich auf dem grasbewachsenen Gipfel der Insel wieder. Dort werden Sie höchstwahrscheinlich schon bald sehen, worauf Sie gehofft hatten – einen Papageitaucher im schneidigen Landeanflug, einen glitzernden Schnurrbart frisch gefangener Sandaale im clownhaft bunten Schnabel. Es ist jedoch unwahrscheinlich, dass er sich elegant niederlässt, um sich dann hübsch für Ihre Kamera in Pose zu werfen. Vielmehr wird er heftig auf dem Boden aufschlagen, sich hastig aufrappeln und dann im Eiltempo zu seinem Bau watscheln. Den Grund für die verzweifelte Hast stellen vermutlich die Lachmöwen dar, die ihm hart auf den Fersen sind. Sollte es einer von ihnen gelingen, ein paar der Sandaale zu ergattern, wird das Küken des Papageitauchers nicht satt werden.

Vor einem ähnlichen Problem stehen die Atlantiksturmtaucher auf Skokholm vor der walisischen Schweineschnauze (s. S. 90). Allerdings wenden diese eine noch drastischere Methode an, um sicher zu ihrem Nest zu gelangen. Nachdem sie sich ein oder zwei Tage lang weit draußen auf dem Meer die Bäuche mit Fischen gefüllt haben, kehren sie auf die Insel zurück, um tief im Inneren der Bruthöhle ihr Küken zu versorgen. Doch anstatt direkt an Land zu kommen, versammeln sie sich etwa einen halben Kilometer vor der Küste zu einem großen Floß. Dort warten sie bis sich Meer und Himmel völlig verdunkelt haben, und erst dann, in finsterer Nacht, wenn sich alle anderen Vögel der Insel zur Ruhe begeben haben, wagen sie sich an Land.

Atlantiksturmtaucher verhalten sich so extrem vorsichtig, weil sie an Land noch unbeholfener sind als Papageitaucher und dazu auch längst nicht so wehrhaft. Die Nahrung für ihre Küken tragen sie nicht im Schnabel, sondern würgen sie zur Fütterung aus dem Magen empor. Somit können sie von den großen Möwen der Insel zwar nicht ausgeraubt werden, aber es stellt auch keine Option dar, einfach alles fallen zu lassen und zu fliehen. Den größeren Vögeln wird es kaum schwerfallen, einen einzelnen Atlantiksturmtaucher zu erbeuten und zu verspeisen. Wer tagsüber auf der Insel spazieren geht, wird hier und da tatsächlich die traurigen Überreste von Tieren finden, die entweder zu früh angekommen oder zu spät aufgebrochen sind. Ihnen ist genau dieses Schicksal widerfahren.

Auf Skokholm leben nicht nur Seevögel, sondern auch Kaninchen, und ein Kaninchenbau gibt ein ausgezeichnetes, wenig aufwendiges Zuhause für Sturmtaucher ab. In vielen Orten der Welt brüten verschiedene Sturmtaucherarten jedoch auf Inseln ohne grabende Säugetiere und müssen somit ihre Höhlen selbst ausheben. Angesichts ihres schmalen Schnabels und ihrer unbeholfenen Schwimmfüße ist dies ein schwieriger Prozess. Doch mit etwas Glück müssen sie nur einmal in ihrem Leben einen Tunnel graben und können ihn dann viele Jahre lang benutzen. Sturmtaucher sind nicht nur langlebig, sondern auch treu – ihrem Nest (solange es besteht) sowie ihren Partnern. Dabei steht das Nest jedoch stets an erster Stelle.

Alles, was klein und haarig ist und eine Vorliebe für Eier oder Küken hat, stellt einen absoluten Erzfeind der Seevögel dar. Die Evolution hat sie ganz gut an das Möwenproblem angepasst, aber wenn Ratten oder Mäuse auf ihrer Insel anlanden, sind sie schutzlos. Auf Lundy, einer Insel vor Devon im Südwesten Englands, wurden irgendwann im 20. Jahrhundert versehentlich Ratten eingeschleppt. Bis zum Jahr 2000 hatte die Insel praktisch alle brütenden Seevögel verloren; Papageitaucher und Atlantiksturmtaucher waren besonders stark betroffen. Ein Schutzprogramm zur Ausrottung der Ratten wurde 2006 abgeschlossen, und bis 2019 wuchs die Population der Atlantiksturmtaucher von knapp 300 Paaren vor Beginn der Rattenbekämpfung auf mehr als 5500 Paare an. Die Zahl der Papageitaucher war von nur 13 Individuen, welche die Insel erkundeten, auf 375 Brutpaare gestiegen.

UNTERMIETER UNTERTAGE

Neuseeland ist die Heimat zahlreicher eigentümlicher Tierarten, zu denen auch die Brückenechse gehört. Mit seiner schuppigen Haut, den kurzen, abgespreizten Beinen und dem Kamm aus kleinen Stacheln, der sich über den Rücken bis zum langen Schwanz zieht, sieht das Reptil wie eine große, phlegmatische Eidechse aus. Tatsächlich jedoch ist sie das letzte Überbleibsel einer Abstammungslinie und wesentlich älter als die heutigen Eidechsen. Zu den vielen besonderen Eigenschaften der Brückenechse gehört auch eine höhere Kältetoleranz und ein langsamerer Stoffwechsel als bei den meisten Reptilien. Am Kopf hat sie ein Scheitel- oder drittes Auge, das Lichtverhältnisse wahrnimmt und mit circadianen Rhythmen in Verbindung steht.

Eine weitere Besonderheit Neuseelands ist der Feensturmvogel, ein kleiner Seevogel, der mit Sturmvögeln und -tauchern verwandt ist. Sein graues Gefieder hat dunkle Abzeichen auf der Oberseite, die bei ausgebreiteten Flügeln wie zwei große Vs aussehen. Möglicherweise bieten diese eine gute Tarnung, wenn er über die sich kräuselnden Wellen des Meeres fliegt. Aus der Nähe betrachtet hat er ein eigentümliches Gesicht mit einem horizontal abgeflachten, lamellengesäumten Schnabel. Diese Lamellen filtern das Plankton aus dem Wasser, das er portionsweise aufnimmt und seitlich aus dem geschlossenen Schnabel herauspresst.

Wie viele seiner Verwandten ist auch der Feensturmvogel ein Höhlengräber, der aber auch natürliche Löcher zum Nisten nutzt, wenn er sie findet. Wie der Sturmtaucher geht er nur nachts an Land, um nicht von Möwen verspeist zu werden, aber trotz aller Vorsicht sind seine Höhlen

Rechte Seite oben: In geeigneten Lebensräumen, wie hier auf der Insel Skokholm in Wales, graben Dutzende von Atlantiksturmtaucherpaaren ihre Höhlen in unmittelbarer Nachbarschaft.

Rechte Seite unten: Ein Feensturmvogel streift anmutig die Wasseroberfläche.

Auf einigen britischen Inseln konkurrieren Papageitaucher mit eingeschleppten Wildkaninchen um Nisthöhlen.

vor der Brückenechse nicht sicher. Zum Glück für den Feensturmvogel suchen die Reptilien dort eher nach Wärme als nach Nahrung, denn eine bewohnte Höhle kann die Temperatur der Brückenechse bis auf etwa 30° C erhöhen, sodass ihr die ganze Nacht über angenehm warm ist. Außerdem zieht der Kot der Vögel viele Fliegen und andere Wirbellose an, die der Brückenechse als Nahrung dienen. Möglicherweise profitieren die Vögel als Schädlingsbekämpfung davon – zumindest wollen wir das hoffen, denn die Brückenechsen fressen gelegentlich auch Eier und Küken.

Diese relativ friedliche gemeinsame Nutzung der Höhlen ist jedoch eher untypisch. Oft machen sich verschiedene Tierarten einen Bau streitig, und dabei läuft es nicht immer so wie wir das erwarten würden. Papageitaucher nisten auch in Kaninchenbauen, und obwohl sie normalerweise verlassene Höhlen belegen, sind die Vögel temperamentvoll genug, um die Kaninchen aus ihrem Bau zu vertreiben.

Papageitaucher leben jedoch nur einige Monate im Jahr in ihren Kolonien, während Kaninchen ihre Baue das ganze Jahr über nutzen. Sobald die Papageitaucher ausfliegen, ziehen die Kaninchen anstandslos wieder ein. Dann machen sie sich daran, die Behausungen zu verändern. Eingänge und Tunnel werden verbreitert, und sie fressen alles Gras in der Umgebung, wodurch das Erdreich um den Bau destabilisiert wird. Am schlimmsten aber ist, dass sie viele Gemeinschaftsräume für ihre Großfamilien lieben und deshalb Wände durchbrechen, um nahe gelegene Tunnel zu verbinden.

Wenn ein Papageitaucherpaar nach einem Winter auf See in seinen Bau zurückkehrt, stellt das Vertreiben der eingezogenen Kaninchen oft das geringste Problem dar. Diese Vögel sind weit weniger familienorientiert als Kaninchen und nicht darauf erpicht, ihren Wohnraum zu teilen. Die neuen Verbindungstunnel genügen, um das Paar zum Weiterziehen zu bewegen. Auf einigen Inseln haben Kaninchen erhebliche Auswirkungen auf den Bestand und Bruterfolg von Seevögeln – und nicht nur von Papageitauchern. Sie sind zwar nicht so unmittelbar schädlich wie Ratten und andere Raubtiere, führen aber vor Augen, wie eingeführte oder eingeschleppte ortsfremde Arten auch indirekt das sensible Ökosystem einer Insel belasten können.

Wildkaninchen leben in komplexen Gesellschaften, was sich in aufwendigen unterirdischen Behausungen widerspiegelt. Ein Papageitaucherpaar hingegen benötigt nur einen einzigen Tunnel mit einer Brutkammer am Ende.

ARTENPROFIL

DER KANINCHENKAUZ

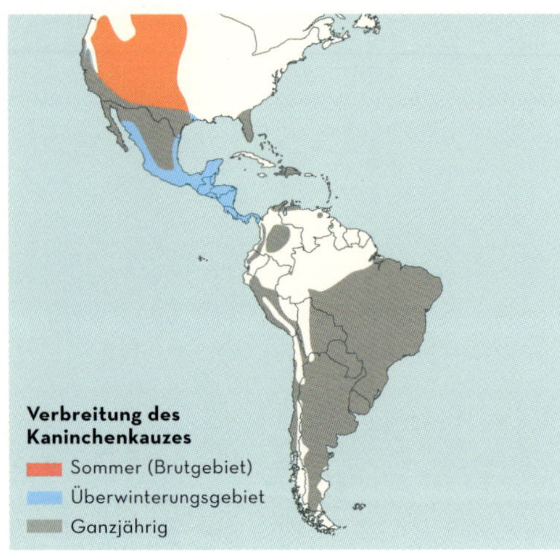

Der Kaninchenkauz ist eine kleine Eule, die das offene Grasland weiter Teile Nord- und Südamerikas besiedelt. Er kann fliegen, doch seine auffallend langen Beine deuten darauf hin, dass er eher an ein Leben zu Fuß angepasst ist. Bisweilen stürzt er sich von einem Busch oder Zaun auf seine Beute, doch kleine Nagetiere und Insekten jagt er auch zu Fuß.

Im Gegensatz zu vielen anderen Eulenarten ist der Kaninchenkauz sowohl tag- als auch nachtaktiv. Je nach Bedarf legt er immer wieder kurze Schlafpausen ein. Seine Höhle dient deshalb nicht nur zum Brüten, sondern auch als Ruheplatz und Unterschlupf bei schlechtem Wetter. Von „seiner" Höhle zu sprechen, ist jedoch ein wenig irreführend, da diese Eule trotz ihres Namens nur ungern selbst gräbt. Stattdessen nistet sie meist in Bauen, die von anderen Tieren angelegt wurden, beispielsweise von Schildkröten, Murmel- sowie Gürteltieren und vor allem von Präriehunden.

Der Schwarzschwanz-Präriehund ist kein Hund, sondern eine eher stämmig geratene Erdhörnchenart und dazu eines der bekanntesten Säugetiere Nordamerikas. Diese Tiere sind unermüdliche Tunnelgräber. Ihre sogenannten „Präriehundstädte" sind Netzwerke miteinander verbundener Baue, die sich über 1 km² weit ausdehnen können. Mehrere Dutzend Präriehunde finden dort in großen Familiengruppen mit komplexen und ausgeklügelten Sozialstrukturen ihr Zuhause. Es ist nur naheliegend, dass auch viele andere Tiere in leer stehende Präriehundbaue einziehen, denn sie sind gut konstruiert, und die Stadt ist in der Regel ökologisch viel reichhaltiger als Grasland ohne Präriehunde. Die Kaninchenkäuze finden dort deshalb reichlich Beute.

Wenn die Kaninchenkäuze erst einmal eingezogen sind, drücken sie der Behausung gerne ihren eigenen Stempel auf. Unter anderem tragen sie den Dung grasfressender Säugetiere in die Brutkammer. Die Eier sitzen auf dieser aromatischen Streu, die Insekten als Nahrung für die Eulen anlockt und anderen Eulen signalisiert, dass der Bau belegt ist. Der Höhleneingang wird außerdem mit einem Sammelsurium auffälliger Objekte wie Schneckenhäusern und Abfallstücken dekoriert, die dazu beitragen könnten, andere Eulen auf Nestsuche abzuschrecken. Obwohl jedes Paar sein eigenes Nest verteidigt, brüten die Paare in lockeren Kolonien dicht beieinander und verbünden sich gegen räuberische Säuger, die den Bau bedrohen.

Die Küken steigen im Alter von etwa zwei Wochen aus dem Bau und lassen sich in der Nähe des Eingangs nieder, um auf Futterlieferungen der Eltern zu warten. Dabei ruhen sie sich still aus, putzen sich gegenseitig, nehmen ein Staubbad oder spielen munter, indem sie sich unter wildem Kopfnicken aneinander anpirschen, bevor sie aufeinanderspringen und wie Kätzchen herumtollen. Wenn sie etwas erschreckt, eilen sie mit Höchstgeschwindigkeit in ihren Bau. Sie behalten dieses Fluchtverhalten auch bei, wenn sie unabhängiger werden und die weitere Umgebung erkunden. Doch anstatt zum Heimatbau zu fliehen, verschwinden sie im nächstbesten Höhleneingang.

Entwurf für einen Nistkasten für Kaninchenkäuze mit umgebender „Landschaftsgestaltung"

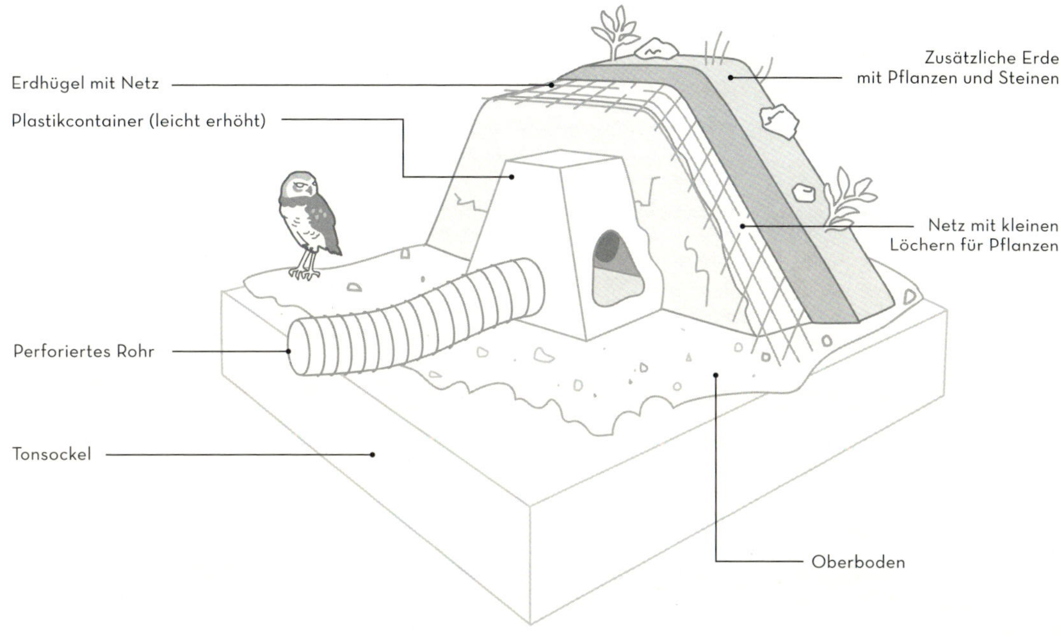

Oben: Da geeignete natürliche Nisthöhlen mancherorts Mangelware sind, haben Naturschützer unterirdische Nistkästen für Kaninchenkäuze entwickelt.

Linke Seite: Die meisten Kaninchenkauzpopulationen der USA ziehen im Winter nach Süden in Richtung Mexiko und Mittelamerika. Anderswo sind sie auch ganzjährig zugegen.

Unten: Die langbeinigen Eulen sind oft tagaktiv. Unablässig suchen sie ihre Umgebung nach Gefahren und Beute ab.

Die meisten Kaninchenkäuze bleiben ganzjährig in ihrem Revier und pflegen eine kontinuierliche Partnerschaft über Jahre hinweg. In einigen nördlichen und westlichen Bereichen ihres Verbreitungsgebiets ziehen die Tiere jedoch im Winter nach Süden und verbringen die Wintermonate alleine. Wenn sie zurückkehren, kommt es vor, dass sie sich einen anderen Bau oder einen neuen Brutpartner suchen.

Der Kaninchenkauz ist durch die Ausweitung landwirtschaftlicher Nutzflächen bedroht, denn auf natürlichem Grasland kommt er wesentlich besser zurecht als auf bewirtschafteten Flächen. Hinzu kommt, dass Präriehundbestände weitläufig „im Bestand kontrolliert" werden, denn sie gelten als Konkurrenz zum Weidevieh. Somit gibt es weniger Präriehundstädte, welche die Eulen nutzen können. Glücklicherweise nehmen sie unterirdische Nistkästen als Ersatzbehausung an, wo es keine Baue von Präriehunden gibt.

KAPITEL 5

STRAND- UND INSELKOLONIEN

Es ist ein sonniger Tag, und Sie machen sich auf den Weg zum Meeresstrand. Unterwegs herrscht dichter Verkehr, und es dauert eine Weile, bis Sie ankommen, aber dennoch finden Sie einen guten Platz inmitten anderer Sonnenanbeter. Einen wunderschönen Tag lang räkeln Sie sich auf Ihrem Handtuch und steigen zwischendurch ab und zu ins laue, ruhige Meer. Beim Picknick müssen Sie vielleicht noch ein paar hungrige Möwen abwehren, doch erst auf dem Heimweg fragen Sie sich, warum Sie eigentlich so gar keine anderen Vögel gesehen haben.

Bevor der Mensch auf den Plan trat, waren Kolonien strandbrütender Vögel viel weiterverbreitet als heute. Strände können gute Nistplätze für Seevogelarten sein, die keinen langen Weg zum Wasser zurücklegen wollen. Sobald sie jedoch von Säugetieren, und insbesondere vom Menschen, bequem erreicht werden können, sind sie schlicht nicht sicher genug. Im Vereinigten Königreich etwa stehen die wenigen Festlandstrände, an denen es noch Kolonien brütender Seeschwalben gibt, unter strengem Schutz. Die wichtigsten Bereiche sind oft eingezäunt, damit die Vögel in Ruhe und von Menschen unbehelligt leben und brüten können. Natürlich wollen die meisten von uns einfach nur am Strand spazieren gehen und wünschen den Vögeln nichts Böses, doch ihre bloße Anwesenheit würde ausreichen, um in der Kolonie eine Panikreaktion auszulösen. Kommen dann noch freilaufende Hunde, lautstark tobende Kinder und dergleichen mehr hinzu, dann werden die Vögel den Brutversuch wahrscheinlich ganz aufgeben.

Allerdings gibt es vor allem auf kleineren Inseln noch ungestörte Strände, an denen räuberische Landsäuger viel seltener eine anhaltende Bedrohung darstellen. Einige dieser Inseln beherbergen große Vogelansammlungen. Die meisten Seevogelarten, die an Stränden nisten, gehören zwei Hauptkategorien an: Vögel, die im Flachwasser Nahrung suchen und sich agil und sicher durch die Lüfte bewegen (wie Seeschwalben), sowie flugunfähige Vögel, die einen sicheren, fußläufigen Zugang zum Wasser brauchen (wie Pinguine).

Seite 96: Brillenpinguine brüteten erstmals 1982 am Strand von Boulders Beach, Südafrika. Heute zählt die Kolonie mehr als 3000 Paare.

Linke Seite: Große Schwärme von Küstenvögeln besuchen die Strände außerhalb der Brutsaison, doch viele Strände werden zu sehr durch Menschen beeinträchtigt, um Brutkolonien eine Heimat zu bieten.

FEINDABWEHR AM STRAND

Einige der Vögel, die an Stränden brüten, leben nicht in Kolonien und verteidigen rings um ihr Nest ein Jagdrevier gegen ihre Artgenossen. Das Nisten selbst macht sie verwundbar, doch sie kontern dies mit meisterhafter Tarnung. Der Sandregenpfeifer (Gattung *Charadrius*) ist ein Paradebeispiel dafür. Er brütet auf Kiesflächen, und seine Eier sehen aus wie Kieselsteine, während er selbst ein hervorragend getarntes Gefieder besitzt.

Für den Fall, dass ein Raubtier ihrem Nest zu nahekommt, haben Sandregenpfeifer noch einen weiteren Trick auf Lager. Der brütende Elternteil verlässt das Nest und versucht, die Aufmerksamkeit des Räubers auf sich zu ziehen, indem er gekonnt einen verletzten und panischen Vogel mimt. Erbärmlich hüpft er durch die Gegend und zieht dabei einen scheinbar gebrochenen Flügel hinter sich her. Mit etwas Glück verfolgt das Raubtier nun den Altvogel, der sich derart traurig vom Nest entfernt und dabei stets knapp außer Reichweite bleibt. Sobald der Regenpfeifer das Gefühl hat, dass er das Raubtier weit genug vom Nest fortgelockt hat, gibt er die Täuschung auf und ergreift die Flucht.

Seeschwalben sind ebenfalls recht kleine und gefährdete Vögel, doch sie versuchen nicht, wie die Regenpfeifer ihre Nester zu tarnen. Sie jagen vor der Küste, indem sie sich Fische von der Meeresoberfläche schnappen oder elegante kleine Sturzflüge in flaches Wasser machen. Deshalb müssen sie auch kein Jagdrevier verteidigen und können deshalb in Kolonien leben. Am offenen Strand kann sich eine Kolonie jedoch nicht verstecken, und statt mit Heimlichkeit und List beschützen Seeschwalben ihre Nester durch überwältigende Anzahl und mit außergewöhnlicher Aggressivität.

Auf der Insel Inner Farne nisten die Papageitaucher auf dem Gipfel, während die Küstenseeschwalben die Strände und tiefer gelegenen Teile der

Oben: Im Angriffsmodus wirkt die Küstenseeschwalbe trotz ihrer geringen Größe einschüchternd.

Linke Seite links: Mit seinem sandfarbenen und schattenspielartig gescheckten Kleid ist der Sandregenpfeifer gut auf seinem Nest am Strand getarnt.

Linke Seite rechts: Nest und Eier des Austernfischers verschmelzen nahezu mit dem Kies der Umgebung.

Insel dominieren. Für den Besucher sind sie nicht weniger beeindruckend als die Papageitaucher, allerdings aus einem ganz anderen Grund. Wer sich mit dem Boot annähert, kann sie gleichsam über dem Meer flimmern sehen. Es sind leichte, langschwänzige Vögel, wendig und elegant, die damit ihrem Namen „Seeschwalbe" alle Ehre machen. Sobald Sie das Boot verlassen, werden Sie von ihnen umschwärmt, und wenn Sie Glück haben, können Sie den schönen Anblick dieser wunderbar anmutigen Vögel vor dem blauen Himmel genießen. Diese machen einen fast unerträglichen Lärm und ihr ununterbrochenes gutturales Schimpfen wird Ihnen, nachdem Sie wieder auf dem Festland sind, noch Stunden in den Ohren klingen.

Unabhängig vom Wetter wird dazu geraten, Inner Farne mit Hut zu betreten, und sobald sich die erste Seeschwalbe auf Sie stürzt, wissen Sie auch, warum. Dann werden Sie auch sehen, ob Ihr Hut genug Festigkeit hat. Der schlanke, scharlachrote Schnabel des Vogels ist äußerst scharf und pickt hart zu. Diejenigen in Ihrer Gruppe, die keinen Hut tragen, werden sich schnell eine blutende Kopfhaut holen. Seeschwalben, die ihre Nester in der Nähe des Pfades gebaut haben, der über die Insel führt, starren zu Ihnen auf, wenn Sie sich nähern. Dann geben sie einen schrillen, rasselnden Ruf ab, fliegen auf und schließen sich dem Luftangriff an.

Mit einer soliden Kopfbedeckung werden Sie den Weg durch die Kolonie halbwegs unbeschadet überstehen, und sobald Sie einmal oben auf der

Insel angekommen sind und die meisten Nester hinter sich gelassen haben, wird es wieder ruhiger. Aber stellen Sie sich einmal vor, Sie wären kein Mensch, sondern ein Fuchs, der sich als blinder Passagier eingeschlichen hat. Bei all dem Lärm und den Sturzflügen würden Sie zwar auf der Hut sein, aber vielleicht hätten Sie ja dennoch Lust, eine erwachsene Seeschwalbe zu erbeuten oder zumindest eines ihrer Eier oder Küken.

Füchse besuchen Seeschwalbenkolonien, um ihren Hunger zu stillen, und für einen hungrigen Fuchs ist eine gute Mahlzeit ein bisschen Schmerz wert. Die Frage stellt sich nur: Wo liegt die Schmerzgrenze? Ein einzelnes Seeschwalbenpaar kann einen Fuchs schwerlich davon abhalten, sein Nest zu plündern, ganz gleich, wie heftig sie im Sturzflug dreinhacken. Doch mehr Nester erhöhen die Wehrhaftigkeit, und wenn genügend Seeschwalben gemeinsam angreifen, können sie jeden dieser Räuber abwehren. Sollte es je einen Fuchs nach Inner Farne verschlagen, so würde er von den mehr als 1000 Paaren der dort brütenden Küstenseeschwalben aufs Heftigste verprügelt werden.

Glücklicherweise leben keine Füchse auf den Farne-Inseln, und sie besteigen auch nur selten Boote, wodurch dieses Szenario hypothetisch bleibt. Doch anderswo stellen Fuchsattacken auf Seeschwalbenkolonien ein ernstes Problem dar. Größere Kolonien werden zwar besser verteidigt, sind aber auch attraktiver für Füchse, die ihrer Natur gemäß immer wieder zurückkehren, um jedes Nest zu plündern, dessen sie habhaft werden. Die Eier vergraben sie dann für den späteren Verzehr.

Eine große Kolonie kann einen Fuchs erfolgreich abwehren und verliert schlimmstenfalls nur ein paar Nester am Rande (oder auch gar keine). Unterschreitet die Kolonie jedoch eine kritische Masse an Verteidigern, wird ein und derselbe Plünderer nach und nach alle Nester ausräumen. Wo dieser kritische Punkt liegt, ist unbekannt, doch wenn Seeschwalbenkolonien in Gebieten mit Landraubtieren zu stark schrumpfen, besteht die Gefahr einer schlagartigen Auslöschung. Daher schirmen viele Naturschutzorganisationen Seeschwalbenkolonien nicht nur vor unwissend umherstreifenden Menschen ab, sondern auch vor wilden Raubtieren.

Auf Inner Farne, wo die Anzahl und das Verhalten der menschlichen Besucher streng reglementiert werden, haben die Seeschwalben eine besondere Beziehung zum Menschen entwickelt. Obwohl sie mit Furcht und Aggression reagieren, wenn Menschen die Wege beschreiten, brütet eine größere Anzahl Seeschwalben dennoch nah am Weg. Sie tun dies, weil die Anwesenheit von Menschen Möwen abschreckt – die größten Fressfeinde am Seeschwalbennest. Die Brutpaare am Wegesrand scheinen zwar unter höherem Stress zu stehen, was vorübergehende Menschen angeht, aber es gelingt ihnen, mehr Küken aufzuziehen als denen, die weiter entfernt brüten und ihr Glück mit den Möwen versuchen. Interessanterweise zog im Sommer 2021, als die COVID-19-Regeln den Zugang von Menschen zur Insel beschränkten, die gesamte Seeschwalbenkolonie fort. Wahrscheinlich war dies teilweise darauf zurückzuführen, dass ihr Lebensraum überwucherte, nachdem er weniger bewirtschaftet worden war. Ein Mangel an Touristen, die Möwen abschrecken, könnte jedoch auch eine Rolle gespielt haben.

Rechte Seite: Eine Küstenseeschwalbe kann es zwar nicht mit dem Polarfuchs aufnehmen, aber sie hat die Beweglichkeit in der Luft auf ihrer Seite und zielt auf die empfindlichsten Stellen.

EIN HAFEN IM STURM

Die entlegensten Inseln der Erde sind Zufluchtsorte für einen der großartigsten geflügelten Reisenden dieser Welt: den Albatros. Diese Vögel legen auf Nahrungssuche riesige Entfernungen über dem Meer zurück und wie andere Vögel mit vergleichbarer Lebensweise, können sie nicht besonders gut über Land gehen oder schnell abheben. Im Gegensatz zu Sturmtauchern und Alken sind sie jedoch sehr groß, sodass sie und ihre Nester weniger Gefahr laufen, von räuberischen Seevögeln wie Skuas und Möwen angegriffen zu werden. Einige der von ihnen gewählten Inseln sind von vornherein zu abgelegen, um gute Nistplätze für Möwen oder Skuas zu bieten. Diese sind zur Brutzeit in der Regel keine Langstreckenflieger und brauchen ein gutes Nahrungsangebot in der Nähe.

Viele Albatrosse brüten auf winzigen Inseln in Meeresnähe. Zum Starten laufen sie einfach mit gespreizten Flügeln über den flachen Grund, bis sie genügend Auftrieb erzeugen, um abzuheben. Auf stärker bewachsenen Inseln nutzen alle Vögel der Kolonie dieselbe offene Startbahn. Größere Albatrosarten bevorzugen in der Regel höhere Inseln, sodass sie bergab starten können. Auch für die Landung brauchen sie reichlich Platz. Dieser Vorgang ist sogar noch heikler als der Start, und manchmal prallt der Vogel dabei mit dem Gesicht auf oder überschlägt sich sogar, wenn der Bremsvorgang schiefgeht.

Der Kontrast zwischen diesen unbeholfenen Anstrengungen und der mühelosen Anmut der Albatrosse, wenn sie erst einmal richtig „auf den Flügeln" sind, ist bemerkenswert. In der Luft bewegen sie sich mit außerordentlicher Effizienz, indem sie den Aufwind zwischen den Wellenkämmen für ihren Auftrieb nutzen – ein raffinierter Kniff, den man dynamisches Segeln nennt. Auf diese Weise können sie Hunderte von Kilometern zurücklegen, ohne auch nur einmal mit ihren außergewöhnlich langen und schmalen Flügeln zu schlagen, und wahrscheinlich sehen viele Albatrosse wochen- oder gar monatelang kein Land. Wenn sie sich dann doch einmal ausruhen müssen, können sie wie übergroße Möwen auf dem Wasser treiben. Sie fliegen nur selten sehr hoch und machen ihre Nahrung eher über den Geruch als auf Sicht ausfindig. Zwar ist die Nahrung knapp, aber wenn man mit so wenig Kraftaufwand derart weit reisen kann, stellt das kein großes Problem dar. Wenn sie nicht gerade brüten, schöpfen Albatrosse ihre Fähigkeit zum Langstreckenflug voll aus. Studien haben mittels Satellitenverfolgung gezeigt, dass ein Albatros unglaubliche 16 000 km im Monat zurücklegen kann.

Obwohl man an Orten mit gutem Nahrungsangebot Ansammlungen von Albatrossen und anderen Seevögel vorfinden kann, sind sie außerhalb der Brutzeit im Wesentlichen Einzelgänger. Dies gilt auch für ihre ersten Lebensjahre. Albatrosse müssen mindestens fünf Jahre und bei größeren Arten manchmal über zehn Jahre alt sein, bevor sie dazu bereit sind, eine Familie zu gründen. Wenn sie sich dem brutfähigen Alter nähern, verbringen sie einige Zeit in der Kolonie, um eine Vorstellung davon zu entwickeln, was es bedeutet, ein Nest zu bauen und ein Küken aufzuziehen. Junge Vögel,

Linke Seite oben: Dieser Inselhang ist steil genug, um die nistenden Schwarzbrauenalbatrosse beim Abflug zu unterstützen.

Linke Seite unten: Eine der kleineren Albatrosarten, der Laysanalbatros, kann vom ebenen Boden abheben, sofern er ausreichend Anlauf bekommt.

die einen älteren, verwitweten Partner finden (Albatros-„Ehen“ enden weit häufiger mit dem Tod als mit einer „Scheidung“) haben besonderes Glück, da junge Albatrosse viel wahrscheinlicher erfolgreich brüten, wenn sie sich mit einem erfahrenen Vogel zusammentun.

Ist die Paarbindung erst einmal hergestellt, verkraftet sie auch die langen Trennungsphasen zwischen den Brutversuchen, die alle 1–2 Jahre stattfinden. Ob ein Albatros an seinen Lebensgefährten denkt, wenn er weit draußen Tausende von Kilometern übers offene Meer gleitet, wird uns wohl verborgen bleiben, aber wenn sich das Paar in seiner angestammten Kolonie wiederfindet, vollführen beide einen intensiven und charmanten Verbindungstanz. Ihre Laute und Körperhaltungen erscheinen uns dabei so freudig, wie man es sich bei einem Vogel nur vorstellen kann.

Aus einem erfolgreichen Brutversuch geht ein einzelnes, langsam wachsendes Küken hervor, das mit hochgewürgten Fischen und Tintenfischen ernährt wird. Die größten Arten brauchen etwa neun Monate, um flügge zu werden. Die Nester sind große kegelförmige Haufen aus Pflanzen und Schlamm und auf dem Höhepunkt der Brutsaison wird jedes davon von einem der komischsten Vogelbabys schlechthin überragt: eine große, behäbige Kugel, in dicke, warme, weiße Daunen gepackt, mit viel zu großem Schnabel und leeren Knopfaugen. Das Küken wächst in den ersten Tagen sehr schnell und ist bald zu groß, um irgendwelchen Räubern auf der Insel zum Opfer zu fallen. In dieser Phase lassen es beide Elternteile über lange Zeiträume allein, während sie zur Nahrungssuche ausfliegen. Dann sitzt es stunden- oder tagelang da, wartet und starrt auf das Meer hinaus, das hoffentlich auch einmal sein Reich werden wird. In einer Albatroskolonie gibt es kaum Interaktionen zwischen den Paaren und auch nicht zwischen den Küken. Die Nester sind weit genug voneinander entfernt, sodass es nur selten zu unbeabsichtigten Grenzübertretungen kommt.

Die vielen winzigen, nicht oder kaum bewohnten Inseln des Pazifiks und des südlichen Ozeans bieten nicht nur den Albatrossen, sondern auch einer

Oben links: Ein Schwarzbrauenalbatrosküken ist ein kleiner Berg aus Fett und Flaum und verrät kaum den Meister der Winde, der einst aus ihm werden soll.

Oben rechts: Die Falklandinseln beherbergen mehr als 80 % der weltweiten Brutpopulation des Schwarzbrauenalbatros.

Rechte Seite: Diese Karte zeigt die Vorkommen der Albatrosarten der Welt. In der südlichen Hemisphäre ist die Vielfalt am größten. Die meisten Arten wandern um den gesamten Globus, wenn sie nicht brüten.

Vielzahl anderer Vogelarten Zuflucht. Das Midway-Atoll, das sich kaum über den Meeresspiegel erhebt, beherbergt Laysanalbatrosse, Schwarzfußalbatrosse, fünf Seeschwalben- und zwei Noddiarten (tropische Verwandte der Seeschwalben). Viel weiter südlich, auf den Crozetinseln, leben 2000 Paare von Wanderalbatrossen, eine der größten Arten, die für ihre Flügelspannweite von fast 3 m bekannt ist. Die Insel beheimatet auch Tausende von Pinguinen und den kuriosen Schwarzgesicht-Scheidenschnabel, einen Aasfresser, der mit den Möwen verwandt ist, aber eher an eine übergroße, pummelige weiße Taube erinnert.

Die Familie der Albatrosse ist ernsthaft bedroht, viele Arten stehen kurz vor dem Aussterben. Gefahr geht für sie hauptsächlich vom Meer aus, wo sie sich ernähren, und nicht vom Land, wo sie nisten. Viele Vögel ertrinken an den Angelhaken der Langleinenfischer. Diese sinken langsam und ihre Köder sehen für einen vorbeiziehenden Albatros nach einer leichten Mahlzeit aus. Zusätzlich sind sie von der Verschmutzung der Meere durch Öl und Chemikalien, vom Klimawandel, der die Verteilung von Fischen und anderen Meerestieren beeinflusst, und vor allem von Plastikmüll betroffen. Die Analyse des Mageninhalts toter Albatrosküken zeigte in einigen Fällen große Mengen an Plastik. Während erwachsene Vögel Nahrung wieder auswürgen können, ist dies bei Küken nicht der Fall. Viele sterben durch den Verzehr von Plastik.

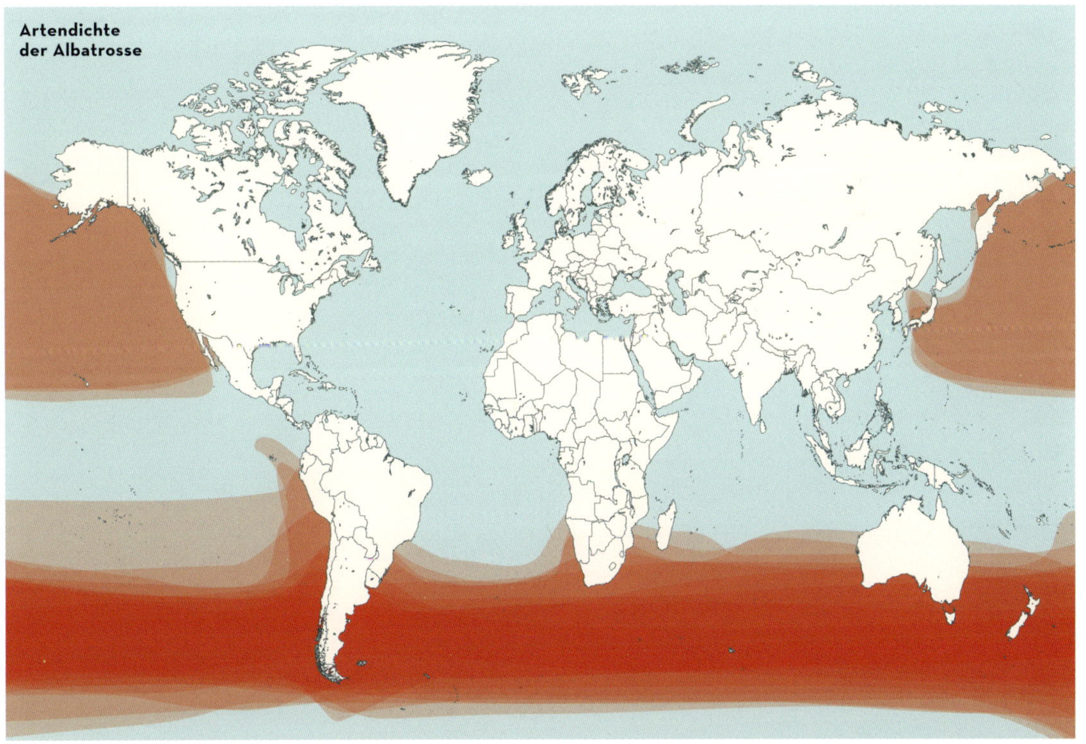

DER LANGE MARSCH NACH HAUSE

Kein Vogel der Erde kann die Verbindung zum Land gänzlich kappen, denn Eier müssen warm und trocken gehalten werden. Die Bindung an die Luft ist jedoch eine andere Sache. Damit sich Flugunfähigkeit durchsetzt, müssen mehrere Faktoren zeitgleich zusammenspielen. Zunächst einmal muss die betreffende Art einigermaßen sicher vor Landraubtieren sein. Das mag zutreffen, weil es keine potenziellen Räuber gibt, oder weil der Vogel groß genug ist, um mit den meisten fertig zu werden, oder er ihnen sonstwie entkommen kann. Außerdem muss der Vogel imstande sein, seine Nahrung an Land beziehungsweise auf oder im Wasser zu finden. Deshalb beschränkt sich Flugunfähigkeit bei Vögeln auf raubtierfreie Inseln, die größten Vögel der Welt sowie einige Seevogelarten.

Die wohl bekanntesten flugunfähigen Vögel sind die Pinguine. Sie werden gemeinhin mit der Antarktis assoziiert, obwohl einige Arten weit nördlich davon leben. Wir stellen uns Pinguine meist als pummelige, langsam watschelnde Kreaturen vor, doch einmal im Wasser, verwandeln sie sich in unglaublich anmutige, rasant schwimmende Vögel, und selbst die besten Unterwasserkameraleute haben Mühe, ihnen zu folgen. Nachdem sie das Fliegen gänzlich aufgaben, haben sie sich hervorragend an das Schwimmen unter Wasser angepasst, und während viele andere Wasservögel zwar auch dort jagen, kann keiner so tief tauchen oder so schnell schwimmen wie Pinguine. Das liegt vor allem daran, dass die meisten Tauchvögel mit den Füßen schwimmen, während Pinguine ihre dicken, muskulösen Flügel zum Antrieb unter Wasser nutzen.

Am entgegengesetzten Ende der Welt, im hohen Norden und in der Arktis, leben die Alkenvögel, von denen wir einige bereits im ersten Kapitel kennengelernt haben. Vor allem die größeren Arten wie Trottellumme und Tordalk sind ökologisch und körperlich den Pinguinen ähnlich. Auch sie sind „Unterwasserflieger" mit kurzen, kräftigen, flossenartigen Flügeln. Im Gegensatz zu den Pinguinen können sie aber immer noch fliegen. Ihre Flügel sind deshalb ein Kompromiss zwischen Schwimm- und Fluginstrument – sie können nicht so tief tauchen wie Pinguine – und ihr Flug ist mühsam und energieaufwendig.

Der Grund für diesen Kompromiss ist einfach: In der Arktis leben mit den Eisbären und Polarfüchsen räuberische Landsäugetiere, die es in der antarktischen Heimat vieler Pinguine nicht gibt. Um ihre Nester wenigstens einigermaßen vor diesen Jägern zu schützen, müssen Alkenvögel ihre Kolonien an Orten errichten, die nur auf dem Luftweg erreichbar sind.

Ohne diese Einschränkung konnten die Pinguine auf das Fliegen verzichten und zu noch besseren Schwimmern werden, wodurch sie ihren eigentlichen Fressfeinden entkommen können: räuberischen Robben, Delfinen und Zahnwalen. Natürlich sind nicht alle Pinguinkolonien vor Landsäugetieren gefeit. Der Brillenpinguin beispielsweise ist eine kleine

Linke Seite oben: Kleinere Pinguinarten wie diese Adeliepinguine können zwar gut Turmspringen, aber ihre Mobilität nach oben ist begrenzt. Daher benötigen sie Brutgebiete, die gut zu Fuß erreichbar sind.

Linke Seite unten: Lummen und andere Alkenvögel schwimmen wie Pinguine, indem sie ihre Flügel benutzen. Allerdings haben sie ihre Flugfähigkeit beibehalten und können daher auf Klippen nisten, die nur auf dem Luftweg leicht erreichbar sind.

Art, die auf dem afrikanischen Festland brütet. Dort riskiert er es, die Aufmerksamkeit von Raubtieren wie Karakalen und Schakalen auf sich zu ziehen.

Um diese Gefahr zu verringern, nistet er – im Gegensatz zu den großen antarktischen Pinguinen, die im offenen Gelände brüten können – möglichst in Höhlen.

Antarktische Pinguinkolonien können riesig sein, und da das Meereis die Landfläche im Winter vergrößert, wächst ihre Entfernung zum offenen Meer entsprechend. Diese kann über den Bruterfolg der Kolonie entscheiden, denn sobald das Kaiserpinguinweibchen sein einziges Ei gelegt und vorsichtig auf die Füße seines Männchens transferiert hat, muss es für zwei Monate zum Fressen ans Meer wandern. Je nachdem, wie sehr das Eis dann angewachsen ist, muss es dafür 80 km oder mehr zurücklegen.

Das stellt eine unglaubliche Leistung für einen Vogel dar, der an Land so langsam und unbeholfen wirkt. Allerdings vergessen wir das Weibchen oft und konzentrieren uns stattdessen auf das Männchen, das nun zwei Monate lang in der Dunkelheit stehen muss, eng an die anderen werdenden Väter geschmiegt. Das ist Kolonieleben in seiner überlebenswichtigsten und intimsten Form, denn ohne seine Gefährten kann kein männlicher Kaiserpinguin der vollen Härte des antarktischen Winters trotzen. Diese Pinguine bauen kein Nest. Stattdessen wird das Ei auf den Füßen des Männchens warmgehalten, eingepackt in eine große Hautfalte am Bauch. So kann das Tier aufrecht stehen und die Körperoberfläche, die von den anderen Pinguinen der dicht gepackten Gruppe warmgehalten wird, maximieren.

Unterdessen jagen und fressen die weiblichen Pinguine auf dem Meer. Nach zwei Monaten ist das Weibchen ausreichend gestärkt, um den langen Heimweg anzutreten. Dazu trägt es noch eine anständige erste Mahlzeit für sein frisch geschlüpftes Küken im Magen. Sobald es den langen Rückweg hinter sich gebracht hat, übernimmt es die Kinderbetreuung, und das Männchen watschelt zum Meer – seiner eigenen, dringend benötigten Mahlzeit entgegen.

Die Anforderungen an beide Pinguinelternteile sind äußerst hoch, und alle Bedingungen müssen genau stimmen, damit alles gut geht. Gibt es zu viel Meereis, wird die Wanderung vom Nest zu den Futterplätzen länger und anspruchsvoller, und so mancher Pinguin bleibt auf der Strecke. Weniger Meereis bedeutet zwar einen kürzeren Marsch für die Pinguine, aber auch, dass die Krillpopulationen kleiner ausfallen. Davon ist das gesamte Ökosystem betroffen, und die Eltern finden womöglich nicht mehr genug Nahrung, um ihre Küken durchzufüttern.

Das Schicksal der Pinguine und ihrer Kolonien ist also eng mit dem Meereis verknüpft, und es kann sogar noch schlimmer kommen. Die zweitgrößte Kaiserpinguinkolonie der Welt befand sich in der Halley-Bay in der Antarktis. Im Jahr 2015 kam es dort zu einem dramatischem Brutverlust – der Grund dafür war eine Kombination aus geschrumpftem Meereis und schlechtem Wetter. Ein Jahr später brach die Eisdecke, auf der die Pinguine brüteten, vollständig zusammen, alle Küken des Jahrgangs kamen ums Leben – das Ende der Kolonie.

Rechte Seite: Der Kaiserpinguin ist ein hervorragender Schwimmer und in der Lage, tief zu tauchen. Er zeichnet sich auch durch ausdauernde Wanderungen zu seinen Brutstätten aus, die viele Kilometer vom offenen, aufgetauten Meer entfernt liegen.

Kormorane und Scharben bilden eine weitere Vogelfamilie, in der bei einigen Arten die Flugfähigkeit dem Schwimmen untergeordnet ist. Erstere haben im Allgemeinen im Verhältnis zu ihrer Körpergröße kleine Flügel, und müssen kräftig und schnell flattern, um ihren stattlichen Körper in der Luft zu halten. Eine Art kann jedoch überhaupt nicht fliegen – die Galapagosscharbe. Sie brütet in Kolonien an den Küsten der Galapagosinseln, knapp oberhalb der Hochwassermarke.

Auf der Nordhalbkugel gehören auch die Eiderenten zu den Vögeln, die in Kolonien am Strand brüten. Diese Enten suchen sich Nistplätze an geschützten Felsküsten mit komfortablem Zugang zum Meer aus. Diese Ortswahl dient ausschließlich den Küken, denn die Altvögel könnten leicht zum Wasser fliegen. Wie alle Entenküken suchen auch kleine Eiderenten ihre Nahrung selbst und werden nicht von ihren Eltern gefüttert. Daher müssen sie schon bald nach dem Schlüpfen zum Wasser gelangen, und weil sie noch nicht fliegen können, geht das nur zu Fuß.

Eiderenten sind für ihre Kinderkrippen bekannt, in denen sich ein oder zwei Weibchen um eine große Schar von Küken anderer Eltern kümmern. Eiderentenweibchen kehren mit hoher Wahrscheinlichkeit an ihren Geburtsort zurück, um zu brüten. Deshalb sind viele Weibchen der Kolonie nah miteinander verwandt, und für nicht brütende ergibt es Sinn, als Kindermädchen so gut es geht für das Wohl und die Sicherheit der Kleinen zu sorgen. Die Mütter der Küken genießen dann eine Auszeit, in der sie sich von den mageren Rationen während dem Brüten erholen können, denn die Väter helfen dabei nicht mit.

Rechte Seite oben: Das Gefieder der Kormorane ist nicht wasserabweisend, wodurch sie in geringer Tiefe einen neutralen Auftrieb erreichen können. Dafür müssen sie ihre Flügel nach dem Tauchgang zum Trocknen ausbreiten. Das tut selbst die flugunfähige Galapagosscharbe mit ihren winzigen Flügeln.

Rechte Seite unten: Zwei Eiderentenweibchen kümmern sich an der Küste Nordostenglands um eine große Schar von Entenküken.

IN DEN FELSEN

Nicht alle höhlenbrütenden Seevögel graben ihre eigenen Löcher. Kleinere Arten nutzen vorhandene Nischen, und der Sturmwellenläufer findet diese oft an Stränden. Geröllstrände, auf denen sich mächtige Felsbrocken stapeln, sind ideal für ihn. Zwischen den Felsen verbergen sich feste und geschützte Hohlräume, und wo ein Sturmwellenläufer nur mit Mühe hindurchpasst, müssen größere Raubvögel draußen bleiben.

Auf der Insel Mousa in den Shetlands nistet eine Kolonie von Sturmwellenläufern sowohl am Felsstrand als auch im nahe gelegenen Broch, einem eisenzeitlichen Turm in massiver Trockenmauerbauweise. Auf Mousa leben keine Menschen, aber an den Stränden und in den Mauern des Broch gibt es mehr als 10 000 Paare von Sturmwellenläufern. Tagsüber ziehen sie auf der Suche nach winzigen Fischen, Kopffüßern und Aasresten mehr als 300 km weit über das Meer. In der Abenddämmerung kehren sie an Land zurück, und plötzlich ist die Kolonie erfüllt von ihren summenden und schnurrenden Rufen. Diese Stimmen stellen wichtige Signale für einen Vogel dar, der zur Brutsaison zwar sehr gesellig ist, aber seine Geschäfte in Verborgenheit und Dunkel abwickelt.

Wie alle Angehörigen der Wellenläuferfamilie leben auch Sturmwellenläufer lang und werden nur langsam geschlechtsreif. Den Winter verbringen sie weit entfernt vom Land und erst, wenn sie zum ersten Mal bereit sind zu brüten, kehren einige von ihnen zu ihrer Geburtsinsel zurück. Ist diese jedoch überfüllt und alle geeigneten Nistplätze sind besetzt, müssen sie sich eine Alternative suchen, idealerweise einen Ort, an dem bereits Artgenossen nisten, ein Beweis dafür, dass es sich um einen sicheren und geeigneten Brutplatz handelt. Sturmwellenläufer auf Nistplatzsuche lauschen nicht nur nach den Rufen ihrer Artgenossen, sondern nutzen auch ihren gut entwickelten Geruchssinn, um eine aktive Kolonie zu finden. Angelockt vom Sirenengesang und ihrem Duft, inspizieren sie nach erfolgter Landung mit allen Sinnen die Spalten und Winkel der Insel.

Ornithologen, die Sturmwellenläufer studieren, können besetzte Nester ausfindig machen, indem sie eine Aufnahme des Gesangs abspielen und abwarten, ob von drinnen ein brütender Altvogel antwortet. Naturschützer gehen sogar noch einen Schritt weiter und animieren Sturmwellenläufer mit Tonaufnahmen dazu, neue Gebiete oder auch alte Lebensräume erneut zu besiedeln. Die Einschleppung von Ratten hat weltweit auf vielen Inseln zu einem katastrophalen Rückgang der Artenvielfalt geführt, insbesondere bei kleinen, bodenbrütenden Vögeln, die keine Abwehrstrategien gegen diese Raubtiere entwickelt haben. Gelingt es, die Ratten auszurotten, wird eine Insel wieder zum sicheren Nistplatz für Sturmwellenläufer, und wenn man die Rufe der Vögel abspielt, kehren sie bald wieder zurück. Interessanterweise reagieren auch eng verwandte Arten auf die Rufe. Swinhoewellenläufer wurden im Vereinigten Königreich nur einige wenige Male gesichtet und immer nur, nachdem zuvor der Gesang der Sturmwellenläufer in einer Kolonie oder an einer Beringungsstation abgespielt worden war.

Linke Seite: Im Schutze der Dunkelheit macht sich ein Sturmwellenläufer auf den Weg zu seinem Nest in den Felsen.

ARTENPROFIL

DER LAYSANALBATROS

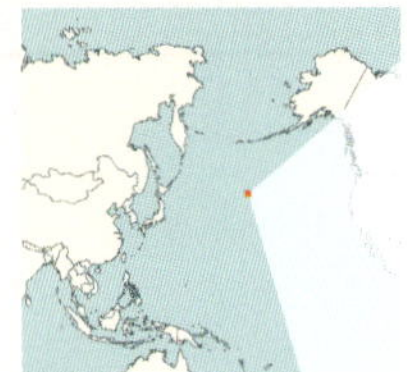

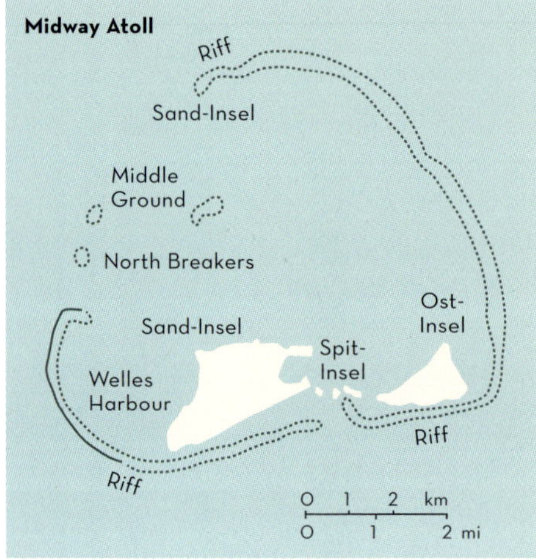

Rechte Seite: Die 60 Jahre alte Albatrosdame namens „Wisdom", hier fotografiert um 2011, brütet ihr Küken aus. Ihr Beinring mit der Nummer Z333 wurde mehrmals ausgetauscht, aber der Vogel selbst sieht so makellos aus wie immer.

Links: Das Midway-Atoll liegt fast genau mittig zwischen Asien und den amerikanischen Kontinenten. Es ist die Heimat von etwa 40 Menschen und fast einer Million nistender Albatrosse.

Obwohl die Midwayinseln nicht zum Bundesstaat Hawaii gehören (offiziell gelten sie als „Nicht inkorporiertes US-Territorium"), sind sie Teil des hawaiianischen Archipels. Das 6,2 km² große Atoll und seine umliegenden Gewässer bilden das Midway Atoll National Wildlife Refuge, in dem etwa 70 % der weltweiten Population von Laysanalbatrossen sowie viele andere Seevögel nisten.

Forscher untersuchen seit langem die Vogelwelt der Insel und beringen einzelne Vögel, um deren Lebensweg zu verfolgen. Im Jahr 1956 markierte der 37-jährige Ornithologe Chandler Robbins einen erwachsenen weiblichen Laysanalbatros. Das Alter des Vogels konnte nicht mit Sicherheit bestimmt werden, aber da er das Gefieder eines Erwachsenen hatte, musste er mindestens fünf Jahre alt sein. 46 Jahre später war Robbins erneut auf dem Atoll, wo er denselben Albatros beobachtete. Er verstarb 2017 im Alter von 98 Jahren, doch der Albatros lebt weiter und ist jetzt mindestens 70 Jahre alt.

In Anerkennung seiner offensichtlichen Überlebenskünste wurde das Tier „Wisdom" (Weisheit) genannt. Sie ist mit einigem Abstand der älteste bekannte Wildvogel. 2021, zum Zeitpunkt der Erstellung dieses Textes, versorgt Wisdom ihr mindestens 36. Küken, gemeinsam mit ihrem Partner der letzten elf Jahre, einem Männchen namens Akeakamai. Laysanalbatrosse legen pro Saison ein Ei. Daraus schlüpft nach 65 Tagen ein Küken, welches dann weitere 160 Tage benötigt, um flügge zu werden. Wegen dieses enormen Energieaufwands brüten Laysanalbatrosse nicht unbedingt jährlich.

Wenn sie nicht in der Elternpflicht stehen, verbringen sie ihre Zeit damit, weite Strecken über den Pazifik zu gleiten, Meerestiere wie Tintenfische zu erbeuten und die immer häufiger auftretenden Gefahren durch Meeresverschmutzung und Langleinenfischerei zu umschiffen. Es bleibt zu hoffen, dass die vielen Babys von Wisdom den Scharfsinn ihrer Mutter geerbt haben und mit dazu beitragen, die Zukunft dieser großartigen und potenziell gefährdeten Art zu sichern.

KOLONIEPROFIL

BIRD ISLAND

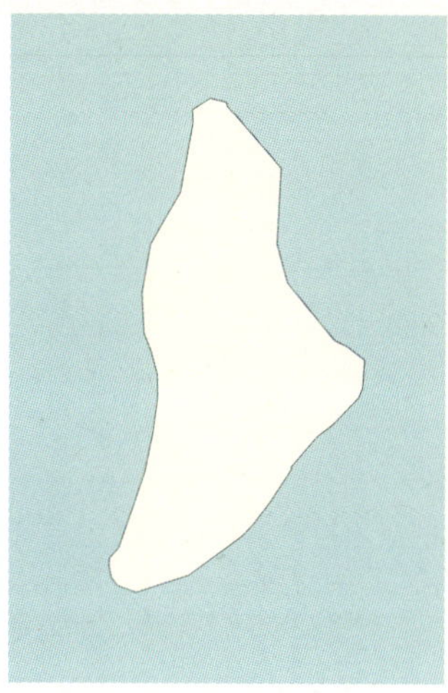

Bird Island liegt im Nordwesten der Seychellen, einer idyllischen tropischen Inselgruppe im Indischen Ozean vor Ostafrika.

Wenn Sie eine Paradiesinsel suchen, auf der ein wohlhabender Urlauber Ruhe und Frieden, ständigen Sonnenschein, weiße, palmengesäumte Sandstrände und jeden erdenklichen Luxus findet, kämen vielleicht die Seychellen für Sie infrage. Dieser Inselstaat im Indischen Ozean umfasst 115 Inseln und wird von weniger als 100 000 Menschen bewohnt. Die größte Insel, Mahé, ist etwas mehr als 157 km² groß und beherbergt mehr als drei Viertel der Bevölkerung; die zweitgrößte Insel (Praslin) ist etwas weniger als 38,5 km² groß, und die übrigen sind noch viel kleiner.

Die nördlichste Seychelleninsel mit einer Fläche von weniger als 1 km² ist als Bird Island (Vogelinsel) bekannt. Früher war sie als Île aux Vaches (Insel der Kühe) bekannt, nach den vielen Dugongs, die in den umliegenden Gewässern lebten. Ihr moderner Name wurde zu Ehren der 700 000 Rußseeschwalbenpaare gewählt, die dort nisten. Die Insel ist auch ein privates Feriendomizil mit sieben Chalets für Gäste, denen der Sinn nach diesem exklusivsten aller paradiesischen Vogelbeobachtungserlebnisse steht. Die Rußseeschwalben bilden einen beinahe lückenlosen Teppich über einigen Abschnitten der Insel. Im Luftraum darüber herrscht Chaos. Wie am Fließband fliegen die Vögel von und zu ihren Nestern, doch während Geräusche und Gerüche für eine fast unbeschreibliche Reizüberflutung sorgen, geht es am Boden erstaunlich geordnet zu. Dort sind die Nester in tadellos regelmäßigen Abständen aufgereiht. Ab Juni bebrüten die Eltern ihre Eier und füttern dann den Spätsommer und Frühherbst hindurch ihre Küken. Die heranwachsenden Jungen wandern umher und lernen die Regeln des Gemeinschaftslebens von ihren Nachbarn, die mit scharfen Schnabelhieben eine angemessene soziale Distanz einfordern. Sobald die Küken flügge sind, ziehen sie mit ihren Eltern weg und lassen die Insel über den Winter in Ruhe zurück. Zu den anderen Seevögeln, die hier nisten, gehören auch die zierliche Feenseeschwalbe, die ihr Ei auf einem Ast ablegt und ausbrütet, sowie der seeschwalbenähnliche Weißkopfnoddi.

Auf der Insel herrschten jedoch auch schon andere Zustände. Im 19. und frühen 20. Jahrhundert lebten eingeschleppte Ratten und Kaninchen auf Bird Island, und die Insel war zu überwuchert, um viele

Oben: Viele tropische Inseln, die heute Urlaubsorte sind, waren früher genauso vogelreich wie Bird Island.

Unten: Die Rußseeschwalbe ist eine robuste, kurzschwänzige Seeschwalbenart. Ihre dunkle Ober- und weiße Unterseite tragen dazu bei, dass sie sich weniger gegen das dunkle Meer beziehungsweise den hellen Himmel abhebt.

nistende Seevögel zu beherbergen. Erst in den 1960er-Jahren wurde sie durch landschaftspflegerische Eingriffe in ein wahres Vogelparadies verwandelt.

Auf den ersten Blick scheint die Rußseeschwalbe weniger auf Schutzmaßnahmen angewiesen zu sein als andere Arten: Sie gehört zu den häufigsten tropischen Seevögeln und ist mit einer Gesamtpopulation von mehr als 20 Millionen Vögeln weltweit zahlreich verbreitet. Ein Großteil davon verteilt sich jedoch auf relativ wenige Kolonien. Als Spezialist für tropische Inseln sind die Kolonien der Seeschwalbe durch den Klimawandel und daraus resultierende Veränderungen des Meeresspiegels gefährdet. Hinzu kommt eine übermäßige und vor allem touristische Erschließung sowie die unbeabsichtigte Einschleppung nichtheimischer Raubtiere. Wenn auch nur eine einzige Kolonie einbricht, ist eine riesige Anzahl von Rußseeschwalben gefährdet, sodass auch dieses idyllische „Vogelparadies“ keine Selbstverständlichkeit mehr darstellt.

KAPITEL 6

BINNENSTRÄNDE

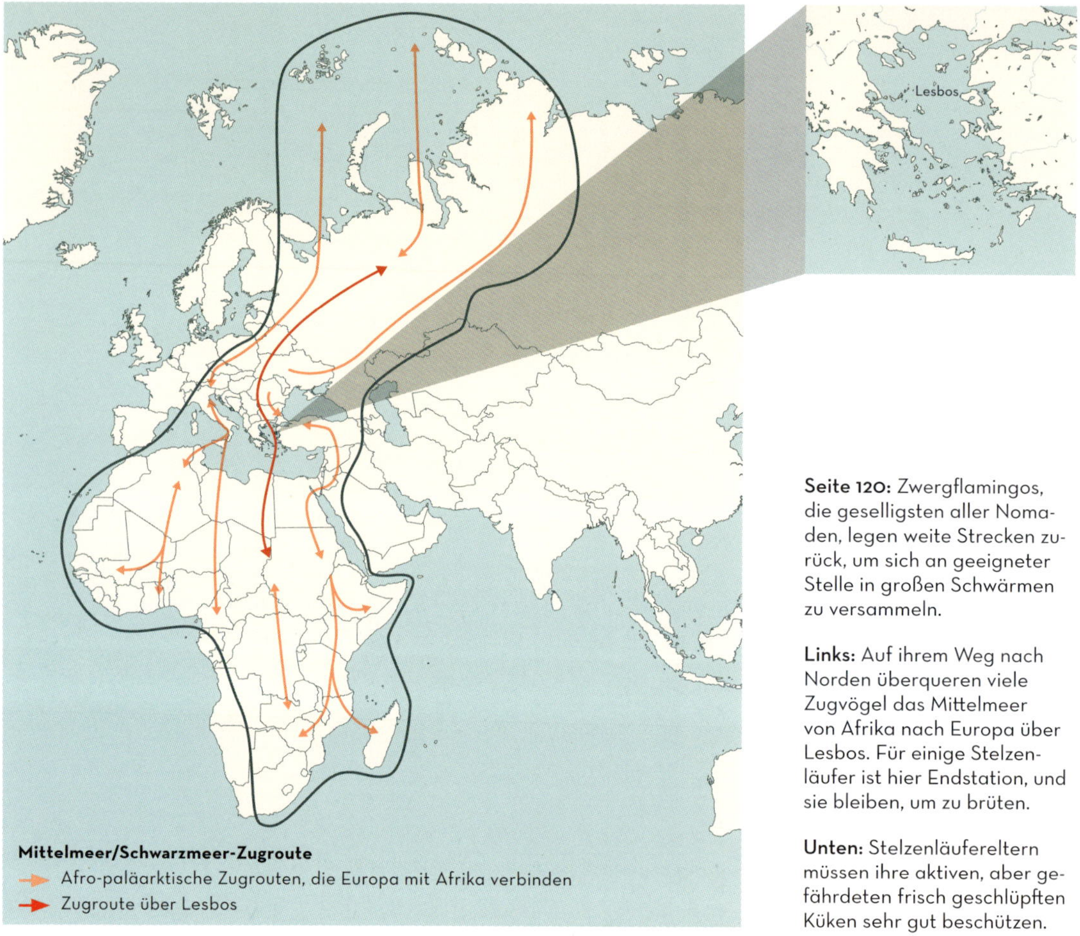

Lesbos

Mittelmeer/Schwarzmeer-Zugroute

Afro-paläarktische Zugrouten, die Europa mit Afrika verbinden

Zugroute über Lesbos

Seite 120: Zwergflamingos, die geselligsten aller Nomaden, legen weite Strecken zurück, um sich an geeigneter Stelle in großen Schwärmen zu versammeln.

Links: Auf ihrem Weg nach Norden überqueren viele Zugvögel das Mittelmeer von Afrika nach Europa über Lesbos. Für einige Stelzenläufer ist hier Endstation, und sie bleiben, um zu brüten.

Unten: Stelzenläufereltern müssen ihre aktiven, aber gefährdeten frisch geschlüpften Küken sehr gut beschützen.

Wenn Sie im Frühjahr die griechische Insel Lesbos besuchen, werden viele der anwesenden Touristen Vogelbeobachter sein. Sie kommen auf die große Ägäisinsel, um das Spektakel Tausender Sing-, Greif- und Wasservögel zu beobachten, die auf ihrem Zug nach Norden hier rasten. Sobald der Frühling in den Sommer übergeht, lösen Sonnenanbeter die Vogelbeobachter ab, aber das bedeutet nicht, dass auf der Insel keine Vögel mehr sind. Über dem Ackerland von Kalloni werden Sie ihn zuerst hören und dann sehen: einen ungewöhnlich gewachsenen schwarz-weißen Vogel mit bonbonrosa Beinen, die viel länger als der Körper sind. Das ist der Stelzenläufer.

Stelzenläufer kreisen im tiefblauen Himmel, und pausenlos ertönt ihr Ruf – ein hartes Kläffen, das sowohl angstvoll als auch zudringlich klingt. Bald gesellt sich ein Wirbelwind atemberaubend eleganter Säbelschnäbler zu ihnen, die den Stimmen der Stelzenläufer ihre drängenden Pfeiftöne hinzufügen. Obwohl Sie noch nicht einmal bis auf Sichtweite an die Nester der Vögel herangekommen sind, versuchen diese bereits jetzt, Sie abzuschrecken. Die Tiere sind von Natur aus sehr angespannt – kein Wunder, denn ihre Existenz hier ist alles andere als sicher. Ihre Nester befinden sich auf den Meerwassersalinen von Kalloni, einem Flachwasserfeuchtgebiet wenige Kilometer hinter der Küste.

Die Salinen ziehen zahlreiche Zugvögel an, doch Stelzenläufer und Säbelschnäbler sind die auffälligsten unter den relativ wenigen Arten, die zum Brüten bleiben. Beide sind Watvögel mit langen Beinen (im Falle der Stelzenläufer geradezu komisch lang), mit denen sie durch tiefes Wasser schreiten können. Die Stelzenläufer schnappen mit ihren schlanken, geraden Schnäbeln fliegende und schwimmende Insekten, während die Säbelschnäbler ihre aufwärts gebogenen ins Wasser tauchen und dabei die Köpfe hin und her schwenken, um winzige schwimmende Lebewesen zu fangen. Beide sind insofern ungewöhnliche Watvögel, als dass sie in Kolonien brüten doch gegebenenfalls auch allein nisten.

Einige der Vögel, die entlang von Küsten brüten, tun dies auch im Landesinneren – an den Ufern von Seen und Flüssen sowie auf Inseln in Binnenwässern. Dazu gehören Regenpfeifer, Kiebitze und Austernfischer sowie Gänsevögel – also Enten, Gänse und Schwäne. All diese Vögel sind durch verschiedene Arten nahezu weltweit vertreten. Die meisten davon brüten einzelgängerisch und verlassen sich dabei auf ihre Tarnung, um sich, ihre Nester, Eier und Küken vor Räubern zu schützen.

Einige Seeschwalben- und Möwenarten nisten ebenfalls an solchen Orten und bilden Kolonien in sumpfigen Uferbereichen. Dabei sind die im Landesinneren nistenden Arten meist kleiner und mehr auf die Jagd nach Insekten spezialisiert als ihre Vettern an der Meeresküste. Anstatt sich in raue Wogen zu stürzen, sind vor allem Binnenseeschwalben darauf spezialisiert, frisch geschlüpfte Eintagsfliegen, Stechmücken und dergleichen von der stillen Wasseroberfläche zu pflücken. Für diese Präzisionsarbeit haben sie einen herrlich mühelosen Flugstil voller Spiralen, Sturz- und Schwebeflüge entwickelt. Viele Insekten verbringen ihr Larvenstadium im Süßwasser und schlüpfen dann als geflügelte Erwachsene. Im Frühjahr und Sommer werden Seen, Flüsse und Sümpfe deshalb zu hervorragenden Jagdgebieten für eine Vielzahl von Vögeln.

Wasser trägt auch dazu bei, einige der Raubtiere abzuhalten, die sich sonst sehr für eine Vogelkolonie mit Bodennestern interessieren würden. Deshalb sind Fluss- oder Seeinseln immer sicherer als die Außenufer. Allerdings gibt es im Landesinneren naturgemäß mehr Landraubtiere als am Meeresstrand, und in manchen Gegenden erleiden Uferkolonien schwere Verluste unter den Jungvögeln, verursacht durch Ratten, Nerze und Schlangen sowie durch Raubvögel wie Rohrweihen, Rabenvögel und Reiher.

Bei Säbelschnäblern und Stelzenläufern erhöht eine äußerst schnelle, aggressive und koordinierte Reaktion auf die ersten Anzeichen von Gefahr die Chancen auf Bruterfolg. Wenn ein potenzielles Raubtier bereits Prügel riskiert, wenn es zufällig und ohne böse Absicht den Nestern der Vögel zu nahekommt, wird es sich vielleicht zweimal überlegen, ob es später einmal ernsthaft angreifen soll. Der dünne und seltsam geformte Schnabel eines Säbelschnäblers ist zwar keine Waffe, aber die Vögel können einen vorbeifliegenden Reiher mit einem gezielten Tritt gegen den Kopf niederschlagen. Und sie tun das auch, selbst wenn dieser ganz ohne böse Absicht einfach nur vorüberfliegen wollte.

Unten: Diese Rohrweihe ist nicht in der Nähe eines Stelzenläufernestes willkommen.

Rechte Seite: So nah am Wasser zu brüten, bietet Sicherheit und leichten Zugang zu Nahrung. Allerdings besteht auch Überschwemmungsgefahr.

REGENTANZ

Wasser bietet zwar Schutz, birgt jedoch auch Gefahren. Sturmfluten können Nester an der Küste auslöschen, doch im Gegensatz zu den häufigen Überschwemmungen im Binnenland geschieht das eher selten. Ungewöhnlich starke Regenfälle oder Meerwasser, das sich stromaufwärts in Flussmündungen drängt, können einen raschen und verheerenden Anstieg des Wasserspiegels verursachen. Auch sehr geringe Niederschläge bringen Probleme mit sich. Eine schrumpfende Wasseroberfläche exponiert Nester, die bisher vor Landraubtieren sicher waren, und das Beuteangebot für die nistenden Vögel nimmt ab. Eine erfolgreiche Brut in solchen Lebensräumen hängt also davon ab, dass wochenlang passende Wetterverhältnisse herrschen. Zu viel oder zu wenig Regen ist der wahre Feind, der eine ganze Kolonie zerstören kann.

Säbelschnäbler und Stelzenläufer bevorzugen zum Nisten seichte Süßwasser- oder Brackwasserlagunen, in denen sie aus Schlamm und anderen Materialien kegelförmige Nester errichten, die über das Wasser ragen. Diese Nester können am Ufer oder auf Inseln entstehen, wobei ein Anstieg des Wasserspiegels das Nest schnell in eine eigene kleine Insel verwandeln kann, und der brütende Altvogel sitzt dann ziemlich prekär obenauf. Wenn das Wasser nicht zu lange oder zu stark ansteigt, können die erwachsenen Tiere seitlich am Nest noch mehr Schlamm aufschütten, damit es über Wasser bleibt, und mit etwas Glück sinkt der Pegel bis zum Schlüpfen der Küken wieder ab.

Die Küken von Säbelschnäbler und Stelzenläufer sind Nestflüchter, das heißt, sie können herumlaufen und sich selbst ernähren, sobald ihr Flaum nach dem Schlüpfen getrocknet ist. Wie Vater und Mutter haben sie lange Beine und können daher durch das Wasser waten, aber auch recht gut schwimmen. Allerdings ist es gefährlich, wenn sie vom Nest direkt in Wasser gehen, das zu tief ist, um zu stehen. Sie sind noch sehr klein, zart und nicht so gut isoliert wie Entenküken. Deshalb müssen sie sich bisweilen unter den Bauchfedern eines hudernden Erwachsenen aufwärmen und trocknen lassen, und dafür braucht es ein Fleckchen trockenes Land. Wenn ihr Lebensraum von Salzwasser überschwemmt wird, wie in Küstenlagunen nach einer Flutwelle, haben die Küken durch den erhöhten Salzgehalt des Wassers zusätzlich Probleme zu überleben, denn sie dehydrieren leicht. Eine Alternative zum höhenverstellbaren Nest bietet ein Schwimmnest, das im Falle einer Frühjahrsüberschwemmung mehr Schutz bietet. Viele üppig bewachsene Seen sind teilweise mit Schwimmpflanzen bedeckt. Ein daran verankertes Nest bleibt an seinem Platz, während es sich mit wechselndem Pegel sicher hebt und senkt. Diese Methode wird von der Weißbart-Seeschwalbe angewandt, einer kleinen, düster gezeichneten „Sumpfseeschwalbe“ mit einem sehr breit gefächerten, aber ebenso lückenhaften Brutgebiet in Südeuropa, Zentral- und Ostasien sowie im südlichen Afrika.

ROSAFARBENE NOMADEN

Die Verwundbarkeit der Säbelschnäbler und Stelzenläufer gegen unberechenbare Umweltbedingungen wird durch eine besondere Art der Widerstandsfähigkeit wettgemacht. Obwohl sie nur eine Brut pro Saison aufziehen, versuchen sie es schnell noch einmal, wenn ein Nest verloren geht, bevor die Küken schlüpfen. Da Hochwasser oft genauso schnell zurückgeht, wie es gekommen ist, kann sich eine Kolonie so selbst nach einer vollständigen Überschwemmung wieder erholen. Die Vögel sind außerdem sehr anpassungsfähig und suchen sich rasch neue Nistplätze. Wenn der ursprüngliche Standort zu nass bleibt, ziehen sie gegebenenfalls ein gutes Stück weiter, bevor sie in der gleichen Saison noch einen zweiten Brutversuch unternehmen.

Überschwemmungen und Dürren auszuweichen und schnell auf unvorhersehbare und sporadisch auftretende Idealbedingungen zu reagieren, gehört zur Lebensweise der in Australien beheimateten Schlammstelzer. Eine Studie über diese seltenen Küstenvögel zeigt, wie Schlammstelzer, die zuvor keinerlei Brutverhalten zeigten, wenige Tage nach Regenfällen weit entfernt im Landesinneren fast 2000 km weit zu neu entstandenen Wüstenseen flogen. Dort bildeten sie rasch eine Kolonie und bauten Nester, wobei jedes Weibchen ein Gelege produzierte, das die Hälfte seines Körpergewichts wog.

Für diese Vögel ist Regen nicht nur lebenswichtig, um ein geeignetes Brutgebiet zu erschaffen, sondern auch, um das massenhafte Schlüpfen von Salzwasserkrebsen auszulösen, die seit der letzten Seenbildung in der trockenen Wüste geschlummert hatten. Sowohl die erwachsenen Stelzenläufer als auch die Jungtiere fressen während ihres Aufenthalts am See kaum etwas anderes. Solche Voraussetzungen treten im Laufe des 20- bis 25-jährigen Lebens der ältesten Stelzenläufer nur einige wenige Male ein, sodass sie im richtigen Moment alles investieren, was sie haben.

Ein ähnliches, aber noch extremeres Verhaltensmuster findet man bei Flamingos, insbesondere beim Zwergflamingo in Afrika. Diese langbeinigen, rosafarbenen Schönheiten sind die kleinste der sechs Flamingoarten der Welt, und vor allem südlich der Sahara weitverbreitet. Der Zwergflamingo kommt in Teilen Westafrikas und weiter östlich auf dem indischen Subkontinent vor, aber die meisten leben nomadisch im Süden und Osten Afrikas. Wie alle Flamingos brauchen sie weite, flache Wasserflächen zur Nahrungssuche. Dazu tauchen sie ihren Kopf vornüber ins Wasser ein, bis ihre besonders geformten Schnäbel umgekehrt den Grund berühren. Dann seihen sie energisch mit dem Schnabel, indem sie Wasser einsaugen und seitlich wieder durch einen Lamellensaum herauspressen. In diesem bleiben essbare Dinge wie Salzwasserkrebse, andere winzige Wassertiere und Algen hängen. Es braucht viele dieser Kleinlebewesen, um einen Flamingo am Leben zu erhalten, und Fressen und Schlafen nehmen einen Großteil seiner Zeit in Anspruch.

Mit den jahreszeitlichen Veränderungen auf dem Kontinent können sich die Nahrungsgründe schnell von perfekt zu gänzlich ungeeignet wandeln. Wenn der Wasserspiegel der Seen zu hoch steigt oder wenn sie austrocknen, ist es an der Zeit weiterzuziehen. Diese Wanderungen können sehr lang sein. Die Vögel legen jedes Jahr regelmäßig Hunderte von Kilometern

Linke Seite: Sicher auf seinem Schwimmnest streckt ein junges Weißbart-Seeschwalbenküken die Flügel aus.

Unten: Der seltene Schlammstelzer (hier drei Vögel neben einem Rotkopf-Säbelschnäbler) reagiert schnell, wenn die Umweltbedingungen eine erfolgreiche Brut versprechen.

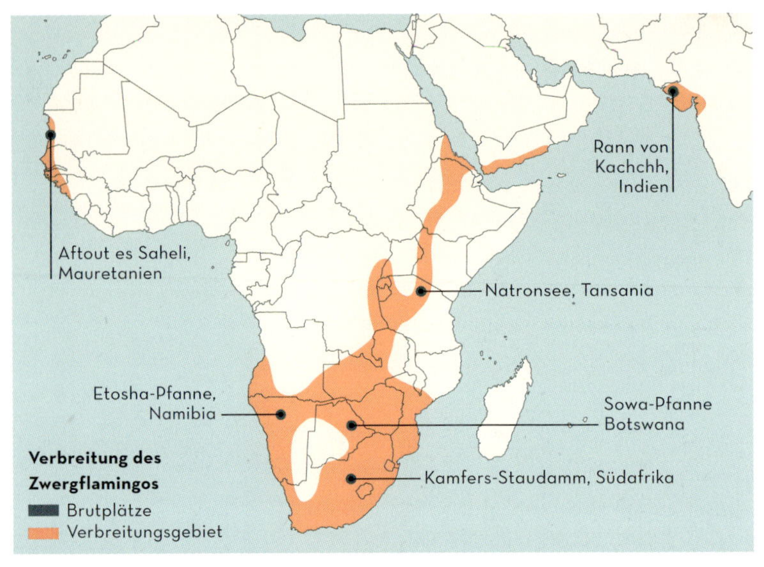

Links: Außerhalb der Brutsaison leben Zwergflamingos nomadisch. Große und kleine Schwärme kann man in geeigneten Lebensräumen im Süden und Osten Afrikas sowie in einigen anderen Gebieten beobachten.

Unten: Ein reines Schlammnest kann bei unerwartetem Wasseranstieg sehr schnell aufgestockt werden.

Seite 130/131: Mit der Ankunft der Zwergflamingos färbt sich der Natronsee von blau zu rosa.

zurück und fliegen manchmal noch viel weiter. Trotz der großen räumlichen Distanz zwischen afrikanischen und asiatischen Flamingos gibt es genetische Hinweise darauf, dass sie sich kreuzen – wenn auch wahrscheinlich nur selten. Die Flamingos reisen in großen, rosa schimmernden Schwärmen, die weite seenlose Landstriche überqueren, um frisch überschwemmte Gebiete rasant zu bevölkern.

Geeignete Brutplätze sind noch seltener. Die Vögel brauchen Salzpfannen – weite Flächen nackten Lehmbodens, die regelmäßig von Flüssen überschwemmt werden. Solche Orte entstehen in der Regel zum Ende der Trockenzeit, aber geeignete Bedingungen herrschen nur etwa alle 5 – 8 Jahre. Dementsprechend versammeln sich die Flamingos zu Tausenden – wenn nicht sogar zu Millionen – auf den Salzpfannen, sobald dieses relativ seltene Phänomen eintritt. Ihr Verhalten ist straff getaktet, denn das Zeitfenster kann sehr eng sein.

Um in den Brutmodus zu gelangen, müssen zuerst die Hormone in Wallung gebracht werden. Männliche Flamingos verstärken ihre individuelle Attraktivität, indem sie in großen Gruppen balzen. Für dieses gewaltige Spektakel trippeln sie mit kurzen Ballerinaschritten, drehen ihre Köpfe in ritualisierten Bewegungen ruckartig von links nach rechts und erzeugen eine Geräuschkulisse, die wie Brandungsrauschen klingt. Das hat fraglos einen sehr aufreizenden Effekt, und wenn ein Männchen die Aufmerksamkeit eines Weibchens auf sich gezogen hat, verlässt es die Gruppe, um sie mit weiteren Darbietungen zu verwöhnen. Dazu wirft es sich auch dramatisch, mit aufwärts gerecktem Kopf und gespreizten Flügeln in Pose.

Jedes frisch verbandelte Paar baut zügig einen Schlammhaufen, auf den das Weibchen sein einziges Ei legt. Dieses muss einen Monat lang bebrütet werden, doch das frisch geschlüpfte Küken kann laufen, sobald es getrocknet ist. Die erwachsenen Tiere und ihre Jungen ernähren sich von einer bestimmten Art Blaualgen (auch Cyanobakterien genannt) der Gattung *Spirulina*, die in den stark alkalischen Gewässern der Salzpfannen gedeihen. Tatsächlich gibt es dort sonst fast kein Leben, denn das Wasser ist zu ätzend. Die Flamingos können es dort nur dank besonders dicker und widerstandsfähiger Schuppen an ihren Beinen und Füßen aushalten.

Der Natronsee in Tansania ist der ätzendste aller Brutplätze des Zwergflamingos. Wer dort die Hand ins Wasser taucht, würde schmerzhafte Verbrennungen erleiden. Dennoch ziehen 75 % der weltweiten Flamingopopulation zum Brüten an diesen heißen und höllischen See, einigermaßen gewiss, dass sie dort nicht viele Küken an Raubtiere verlieren werden.

Die Wahl derart unwirtlicher Kinderstuben hat jedoch ihren Preis. Die Überschwemmungen, die die schlafende *Spirulina* zu schnellem, blühendem Leben erwecken, stellen auch eine ernsthafte Bedrohung für die Vögel selbst dar. Früher oder später trocknen die Seen wieder aus, und das Wasser wird immer salziger. Kommt die Austrocknung zu früh, müssen große Gruppen kleiner, noch nicht flugfähiger Küken durch Untiefen und über trockenen Boden zum offenen Wasser geführt werden. Dieser Marsch kann über mehr als 30 km führen und während sie laufen, kristallisieren die Salze und Mineralien an den Beinen der Vögel zu Krusten aus. In schlechten

Jahren schaffen es viele der Küken und sogar manch erwachsener Vogel nicht, denn die felsenartigen Fußringe aus verfestigten Salzen verlangsamen und schwächen sie einfach zu sehr. Überlebende können jedoch bis zu 50 Jahre alt werden, reichlich Zeit für mehrere Versuche, zumindest einen Nachkommen zu hinterlassen.

KINDERKRIPPE

Auf ihrem langen Marsch zu sicheren Gefilden werden viele Flamingoküken von nur wenigen Erwachsenen begleitet. Der Rest der Altvögel ist längst auf dem Luftweg abgereist, anstatt die Reise übers Land anzutreten. Das ist nur möglich, weil die Küken relativ unabhängig sind. Sie können selbst Nahrung suchen, zügig laufen, und nur wenige Erwachsene werden gebraucht, um sie zu führen.

Dieses als „Crèching" bekannte Verhalten wird häufig bei Vögeln beobachtet, die in See-, Küsten- und Freilandkolonien brüten und deren Nachkommen Nestflüchter sind, die wenig elterliche Fürsorge oder Schutz brauchen. Zu den Gruppen, die Crèching oder vergleichbares Verhalten zeigen, gehören verschiedene Entenvögel, insbesondere Gänse, aber auch Pinguine, Seeschwalben und sogar Strauße, doch zu diesen später mehr. Ein oder beide Elternteile bleiben bei den Küken, wenn diese noch sehr jung sind und sich Raubtiere in der Nähe aufhalten. Sobald sie aber groß genug sind, um nicht von jedem dahergelaufenen Raubtier verspeist zu werden, bilden sich Kinderkrippen.

Die Vorteile dieses Verhaltens liegen meist auf der Hand. Altvögel, die sich absetzen, können sich von der Arbeit der Balz, des Nestbaus und des Brütens erholen, während ihr Nachwuchs versorgt wird. In der Zwischenzeit haben die Küken reichlich Gesellschaft und profitieren von der Sicherheit in der Gruppe: Je mehr Küken versammelt sind, desto geringer die Wahrscheinlichkeit für einzelne, einem Raubtier zum Opfer zu fallen.

Diejenigen, die sich im Zentrum der Gruppe halten können, profitieren von der zusätzlichen Isolierung, sowohl bei Raubtierangriffen als auch buchstäblich bei kaltem Wetter. Die einzigen, die wenig von diesem Arrangement zu haben scheinen, sind die wenigen Altvögel. Sie müssen Kindermädchen für Jungtiere spielen, die nicht einmal unbedingt ihre eigenen genetischen Nachkommen sind, und vielleicht sogar ihr eigenes Leben riskieren, um diese vor Raubtieren zu schützen.

Von Art zu Art scheinen sehr unterschiedliche Faktoren zum Crèching zu führen. Pinguinküken schließen sich zwar oft zu Gruppen zusammen, aber es gibt keine regulären „Kindermädchen" unter den Erwachsenen, die eher den eigenen Nachwuchs füttern. Küken, die wirklich verlassen wurden oder ihre Eltern verloren haben, betteln jeden vorbeikommenden Erwachsenen um Futter an, werden jedoch meist ignoriert. Diese Gruppierungen sind also keine echten Krippen, sondern bilden sich, weil indivi-

Linke Seite: Ein Haufen erwachsener Kaiserpinguine schart sich um die Küken, um diese vor Kälte und Fressfeinden zu schützen.

duelle Küken von der geringeren Bedrohung durch Raubtiere und gemeinsamer Körperwärme profitieren.

In den echten Krippen der Entenvögel werden in der Regel diejenigen zu Kindermädchen, die selbst nicht gebrütet oder aber ihr Nest frühzeitig verloren haben. Die leiblichen Eltern der Küken verlassen das Gebiet meist ganz und begeben sich an einen anderen Ort, um frühzeitig mit der jährlichen Mauser zu beginnen. Die „Nichtbrüter" wenden dann ihre unverbrauchte Energie und Instinkte den Küken anderer zu, mit denen sie ja immerhin einen Teil ihrer Gene gemein haben könnten. Auch sie profitieren von der Gesellschaft ihrer Artgenossen, denn es ist sicherer, als Kindermädchen vom Schutz einer großen Gruppe zu profitieren, als die Brutsaison allein zu verbringen.

Der Strauß ist ein Sonderfall, wenn es ums Crèching geht. Relativ wenige bodenbrütende Vögel nisten im Sozialverband, es sei denn, sie sind zusätzlich durch Wasser geschützt. Es gibt einfach zu viele Raubtiere und somit ist es deutlich sicherer, einzeln und unauffällig zu nisten.

Der Strauß bildet jedoch die Ausnahme dieser Regel – vor allem dank seiner enormen Größe. Ein ausgewachsenes Straußenmännchen ist ein respektgebietender Verteidiger. Es bebrütet ein großes Gelege, bei dem mehrere von ihm befruchtete Weibchen ihre Eier ins selbe Nest legen. Die Brutarbeit teilt es sich mit den Weibchen, wobei das Alphaweibchen bisweilen einige Eier wieder hinauswirft. Vermutlich sind das nicht seine eigenen Eier, doch es bleibt unklar, wie es sie voneinander unterscheidet. Wenn die Küken aus den verbleibenden Eiern schlüpfen, scheint sich beim Alphaweibchen ein deutlicher Gesinnungswandel abzuzeichnen. Nun versucht es mithilfe des Männchens weitere jüngere (niemals ältere) Küken anderer Paare in die Familie zu treiben. Diese gemeinsame Anstrengung kann zur Bildung großer Krippen führen.

Hinter diesem scheinbar großzügigen Verhalten verbirgt sich jedoch ein ausgesprochen finsteres Motiv. Die jüngeren Küken in der Gruppe tragen ein viel höheres Risiko, von Raubtieren erbeutet zu werden, und dienen sozusagen als gefiedertes Schutzschild für die leiblichen Nachkommen des Paars in der Krippe. Die hütenden Altvögel erhöhen das Risiko für die adoptierten Jungtiere noch aktiv weiter, indem sie ihre eigenen Küken ins geschützte Zentrum der Gruppe lotsen, sodass die ganz Kleinen an den gefährlichen Rand gedrängt werden.

Rechte Seite oben: Eine große Krippe mit Kanadaganskküken gemischter Altersstufen wird von ein paar wachsamen Altvögeln eskortiert.

Rechte Seite unten: Eine Straußenfamilie unterwegs – die meisten Küken stammen wahrscheinlich vom Alphaweibchen der Gruppe.

ARTENPROFIL

DER ROTFLÜGELSTÄRLING

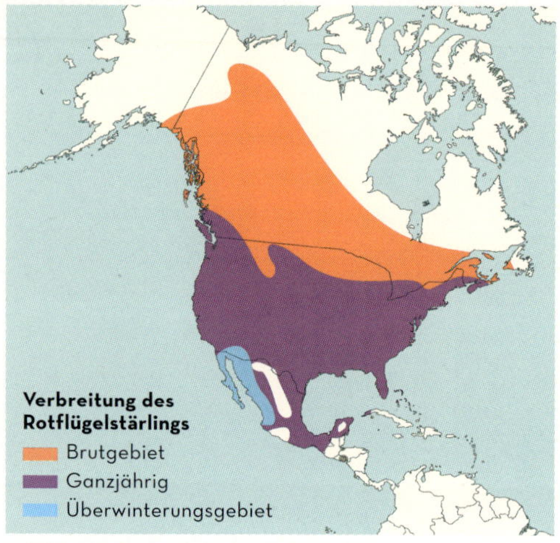

Der Rotflügelstärling, einer der am weitesten verbreiteten und bekanntesten Vögel Nordamerikas, ist ein Teilzieher. Der größte Teil der kanadischen Population macht sich im Winter nach Süden auf, um sich den in den USA heimischen Vögeln anzuschließen.

Der gut aussehende Rotflügelstärling ist einer der bekanntesten Vögel Nordamerikas. Im Winter gastiert er beinahe auf dem gesamten Kontinent regelmäßig in Gärten. Dann ziehen die nördlichsten Populationen südwärts, doch in den meisten Teilen der USA trifft man den Vogel das ganze Jahr über an. Zur Brutzeit verhält sich der Rotflügelstärling territorial, doch Populationen, die in Sumpfgebieten nisten, werden oft als Koloniebrüter betrachtet.

Besonders an dieser Art zeigt sich, dass unsere Definition eines Koloniebrüters noch etwas unscharf ist. Die meisten Koloniebrüter, wie etwa die in Klippen nistenden Tölpel, verteidigen ein sehr kleines Territorium rings um ihr Nest und fliegen einzeln zu weitentfernten Nahrungsgründen. Dagegen verteidigt die Mehrzahl der Vögel, die wir als Einzelgänger betrachten, ein großes Territorium ums Nest, aus dem sie mehr oder weniger ihren Nahrungsbedarf decken. Rotflügelstärlinge gehören zur zweiten Kategorie, obwohl die Reviergröße je nach Lebensraum variiert. Im Hochland kann ein einziges Revier fast 30 000 m^2 umfassen, während in Sumpfgebieten 150 m^2 pro Nest genügen können. Noch komplizierter wird die Sache dadurch, dass jedes Revier, egal wie groß, immer nur dem Männchen gehört. Es ist eines der ungewöhnlichen Merkmale dieses Vogels, dass er wirklich polygyn ist, das heißt die Männchen gehen Paarbindungen mit mehr als einem Weibchen ein und helfen bei mehr als einem Nest mit. Im Durchschnitt hat ein Männchen zwischen einer und fünf Partnerinnen, bei einem besonders fleißigen Exemplar wurden sogar 15 Partnerinnen gezählt. Dieses Paarungssystem ist weitaus seltener als die heimlichen Affären, die wir bei einer Vielzahl von Koloniebrütern beobachten.

Alle Partnerinnen des Männchens bauen ihre Nester in seinem Revier. Die Männchen mit den besten Revieren gewinnen gleich mehrere Weibchen für sich; andere hingegen gehen komplett leer aus. In Sumpfgebieten liegen die sichersten Nistplätze über tiefem Wasser, wobei die Nestschale zwischen die senkrecht aufragenden Stängel von Rohrkolben oder ähnlichen Pflanzen geflochten wird. Das brütende Weibchen ist dank seines braun gestreiften Gefieders auf dem Nest nur schwer auszumachen. Unterdessen hält das Männchen Wache und setzt sein auffälliges schwarz-rotes Federkleid ein, um Rivalen einzuschüchtern und alles, was auch nur entfernt räube-

Oben: Schwärme nicht brütender Rotflügelstärlinge können so groß und dicht sein, dass sie den Himmel verdunkeln.

Unten: Die farbenfrohen Flügelabzeichen der männlichen Rotflügelstärlinge helfen ihnen, eine oder idealerweise gleich mehrere Partnerinnen anzulocken.

risch aussieht, aus seinem Territorium zu verjagen. Die Küken werden nach dem Schlüpfen vom Weibchen gefüttert. Dabei ist die Wahrscheinlichkeit, dass sein Partner mithilft größer, wenn sie das einzige Weibchen ist.

Für weibliche Rotflügelstärlinge ist ein gutes Revier mit reichlich Nahrung das Opfer wert, keine monogame Beziehung zu haben. Dennoch tun die Weibchen alles Erdenkliche, um ihre Männchen für sich zu gewinnen. Das erste, das sich einem Männchen in dessen Revier anschließt, singt und zeigt ein territoriales Ausdrucksverhalten, um andere Weibchen aggressiv zu verjagen. Dieses Verhalten hört auf, sobald das Weibchen zu brüten beginnt. Erst dann kann ein weiteres einziehen. Allerdings darf die erste Brutpartnerin darauf hoffen, dass das Männchen ausreichend in sie und ihr Nest investiert hat, um ihr beim Füttern der Küken den Vorrang zu geben. Nach dem Brüten schließen sich die verschiedenen Familien zu Schwärmen zusammen, die mehrere Millionen Vögel stark sein können, und neue, entspanntere soziale Umgangsformen setzen ein.

KOLONIEPROFIL

LUCIO DE LA FAO

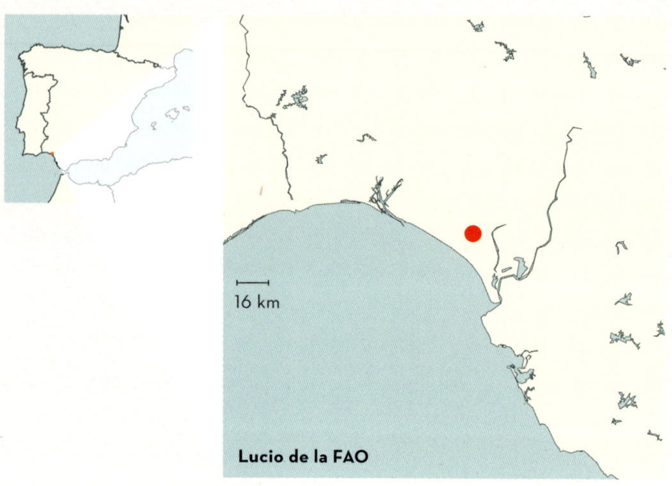

Links: Lucio de la FAO liegt im Südwesten Spaniens in einem großen Schutzgebiet, das für seine einzigartige Artenvielfalt bekannt ist.

Rechte Seite: Diese Diagramme zeigen die Anzahl der Brutpaare verschiedener Vogelarten, die von 1996–2008 in der Kolonie Lucio de la FAO nisteten. Zu sehen ist ein allgemeiner Aufwärtstrend, aber auch, wie dramatisch die Zahlen in schlechten Jahren fallen und wie schnell sie sich unter besseren Bedingungen wieder erholen können.

Seite 140/141: Sichler, Kuh- und Seidenreiher teilen sich Nistbäume in Lucio de la FAO.

Wie gründen soziale Tierarten eine neue Kolonie? Im Allgemeinen gilt, dass die meisten koloniebildenden Arten zur Not auch allein brüten, wenn ihnen keine andere Wahl bleibt. Ebenso zieht es eine Mehrzahl vor, in der Geburtskolonie oder zumindest nicht weit davon zu nisten. Manchmal ist dies jedoch schlicht nicht möglich. Vielleicht gibt es keinen Platz für neue Nester oder Nestbäume sind verloren gegangen. Dann muss ein neuer Nistplatz gefunden werden.

Der Prozess der Koloniebildung bei Vögeln wurde im Nationalpark Coto de Doñana, einem großen Schutzgebiet im Südwesten Spaniens, untersucht. Im späten 20. Jahrhundert wurde in diesem ausgedehnten und gut geschützten Feuchtgebiet ein neuer Lebensraum geschaffen, in dessen Mittelpunkt drei halbkünstliche Wasserflächen stehen, deren Pegelstand man über Schleusen steuern kann. Diese Tümpel boten geeignete Nahrungsgründe für die mediterranen Entsprechungen der langbeinigen Watvögel in den Everglades – Sichler und fünf Reiherarten. Als sich an den Ufern der Tümpel zunächst Gras- und dann Strauchwerk bildete, wurden auch Nistplätze für Arten geschaffen, die eine niedrige buschige Vegetation mit Wasser ringsum bevorzugen, im Gegensatz zu den Vögeln, die gerne auf Bäumen nisten.

Dieses neue, als Lucio de la FAO bekannte Gebiet, wurde zunächst von Purpurreihern erkundet, und in den 1980er-Jahren gab es einige sporadische Brutversuche. Anfang der 1990er nisteten dort gelegentlich auch Paare von Ibissen und Rallenreihern, doch eine Dürre setzte damals allen Vögeln zu. Im Jahr 1996 bildete sich jedoch eine Kolonie. Von da an wuchs die Zahl aller drei Arten rasch an. 1998 gesellten sich Nachtreiher hinzu, und 2001 trafen die ersten Kuh- und Seidenreiher ein. Bald gab es bis zu 8000 Brutpaare in der Kolonie. Da vier der sechs Arten als im Rückgang begriffen oder als dezimierte Population in Europa gelten, ist Lucio de la FAO nicht nur ungemein bedeutend für den Naturschutz, sondern auch ein lebendiges Beispiel dafür, wie schnell sich große Vogelkolonien bilden können, wenn die Bedingungen stimmen.

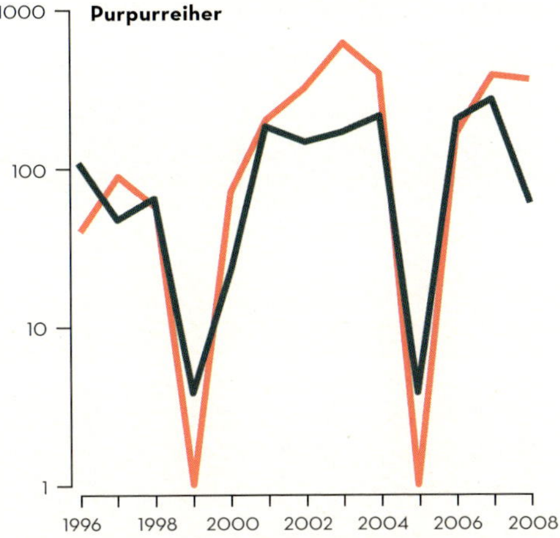

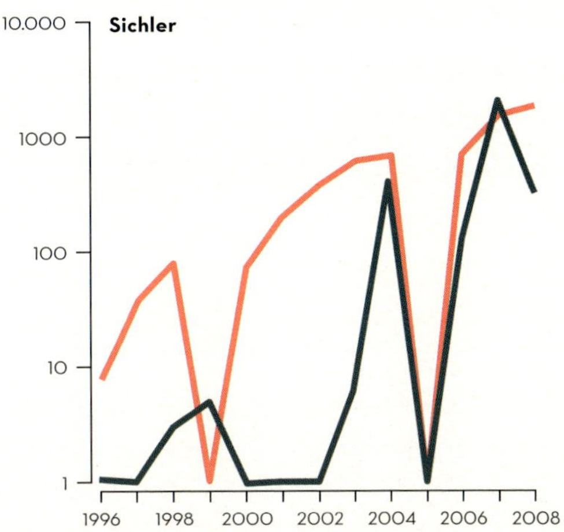

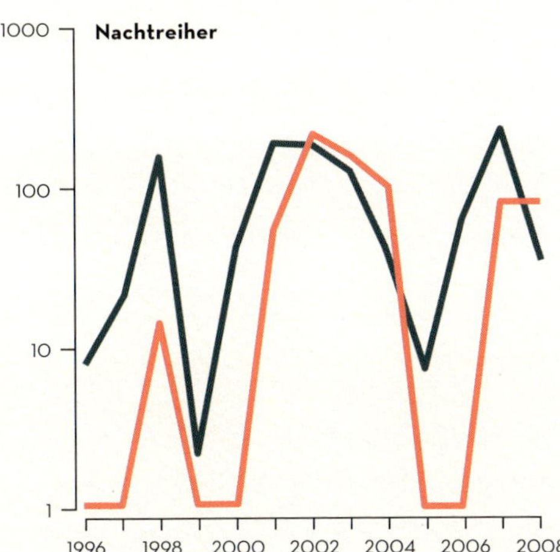

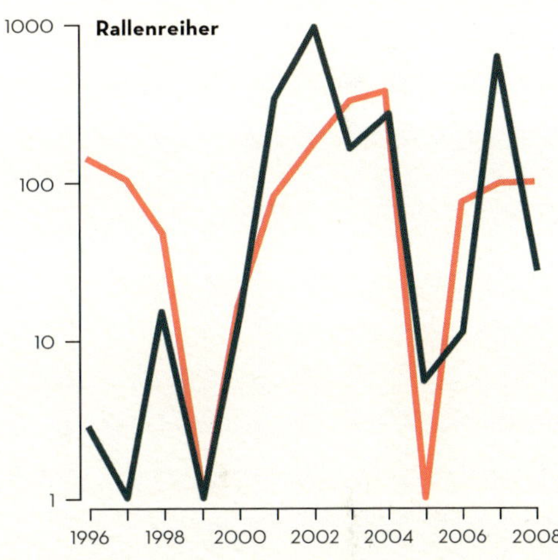

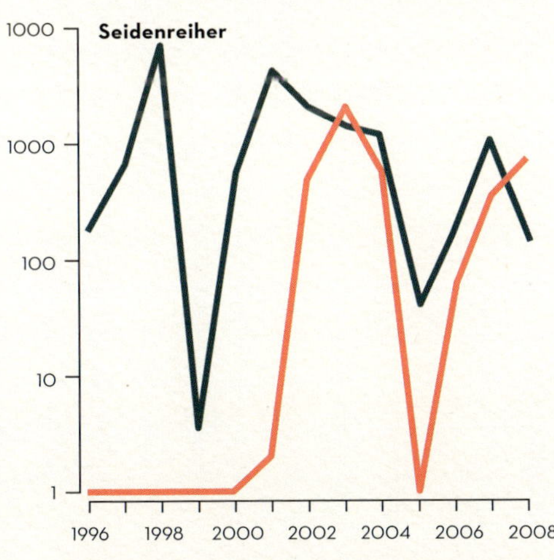

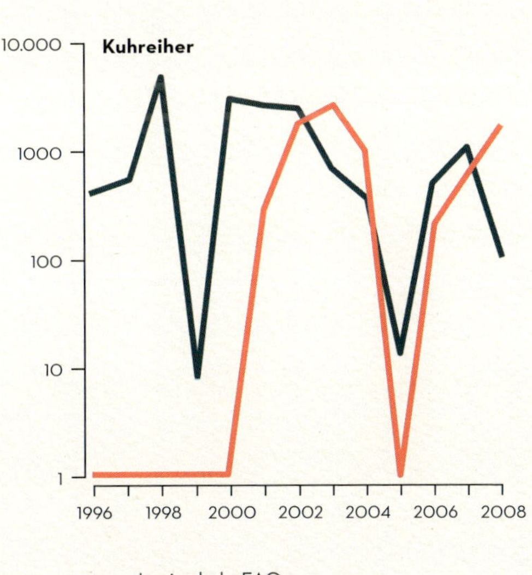

Anzahl der Brutpaare verschiedener Arten in der Kolonie von Lucio de la FAO von 1996–2008.

Lucio de la FAO

Andere Kolonien im Nationalpark Coto de Doñana

KAPITEL 7

GUTE NACHBARN

Im Jahr 2009 berichtete die britische RSPB (Königliche Vereinigung zum Schutz von Vögeln) von einer höchst ungewöhnlichen Nestgemeinschaft zweier Vogelarten in einem Nest in England. Dem Bericht war ein Foto beigefügt, das drei Turmfalkenküken und ein Schleiereulenbaby zeigte, die gemeinsam in ihrem Nest dösten. Das Endergebnis dieses Arrangements ist nicht bekannt, aber die Jungvögel auf dem Foto waren mehrere Wochen alt und sahen alle so gesund aus, wie ein Jungtier ihres Alters in konventionellerer Umgebung nur aussehen kann.

Dieses Ereignis war umso bemerkenswerter, weil beide Arten nicht gesellig brüten und dazu noch eine ziemlich angespannte Beziehung zueinander haben. Beide jagen auf landwirtschaftlichen Nutzflächen nach Kleinsäugern, sodass von vornherein eine gewisse Konkurrenz zwischen ihnen besteht. Obwohl Schleiereulen an die Jagd bei Nacht angepasst sind, müssen sie manchmal schon vor Einbruch der Dämmerung auf Nahrungssuche gehen, insbesondere dann, wenn sie eine schnell wachsende Familie ernähren. Entdeckt ein Turmfalke tagsüber eine Schleiereule auf der Jagd, hört er selbst oft auf zu jagen und behält stattdessen die Eule im Auge. Macht sie einen Fang, stürzt sich der Turmfalke auf die Eule und versucht ihr, oft erfolgreich die Beute zu entreißen.

Hinzu kommt, dass beide Arten in natürlichen oder künstlichen Höhlungen nisten, und sollte ihnen dieselbe Unterkunft gefallen, kommt es in der Regel zu einem oder gleich einer ganzen Reihe erbitterter Gefechte. Mithilfe von Nistkastenkameras konnten einige dieser Begegnungen aufgezeichnet werden, und wer dem Lärm und der Gewalt gewachsen ist, bekommt einen relativ ausgeglichenen und heftigen Kampf zu sehen, selbst in der Enge des Nistkastens. Wie beim Kampf um eine tote Maus oder Wühlmaus setzen sich die Turmfalken öfter durch, insbesondere dann, wenn es ihnen gelingt, beide Beine des schwereren Vogels festzuhalten, um sich vor dessen Krallen zu schützen.

Ohne Kamera bleibt rätselhaft, wie und tatsächlich ob ein Turmfalken- und ein Schleiereulenpaar ihre Küken gemeinsam im selben Nistkasten aufzogen. Möglich wäre auch, dass ein Paar das andere erfolgreich vertreiben konnte, nachdem beide Weibchen Eier gelegt hatten. Das siegreiche Paar könnte dann eine gemischte Brut aufgezogen haben, ohne zu diskriminieren. Dies wäre dann keine ungewöhnliche Nachbarschaft, sondern ein Beispiel für artenübergreifende Aufzucht – zwar selten, aber immer noch häufiger als zwei verschiedene Arten, die sich dasselbe Nest teilen.

Seite 142: Eine Luftaufnahme brütender Australtölpel auf dem neuseeländischen Muriwai zeigt, wie gleichmäßig die Abstände zum Nachbarnest in einer belebten Vogelkolonie eingehalten werden können.

Linke Seite oben: Turmfalken jagen Schleiereulen oft die Beute ab. Die beiden ökologisch ähnlichen Arten sind sich gar nicht grün.

Linke Seite unten: Sowohl Schleiereulen (links) als auch Turmfalken (rechts) nisten gerne in Baumhöhlen. Sie können heftig um den Besitz einer guten Höhle kämpfen, was den dokumentierten Fall eines gemeinsamen Nests umso bemerkenswerter macht.

BRÜTEN HART AM FEIND

Auf der russischen Taimyrhalbinsel gibt sich die Tundra fast das ganze Jahr über rau und unwirtlich. Im Sommer jedoch machen die langen Nächte und das plötzliche Erwachen von lange schlummernder Vegetation und Fluginsekten die Tundra zu einem geeigneten Lebensraum für eine Vielzahl von Enten, Gänsen und Küstenvögeln, die in den gemäßigten Zonen Europas und Nordamerikas überwintern. Zu den Vögeln, die ihre Brutsaison in dieser hocharktischen Umgebung verbringen, gehört die Dunkelbäuchige Ringelgans. Diese kleine, dunkle Gans bildet im Winter große Schwärme an Flussmündungen, auf Salzwiesen entlang der Küste und auf Feldern, doch während der Brutsaison sucht sie eine andere Gesellschaft.

Gänse, die auf der Taimyrhalbinsel nisten, kehren noch vor der Schneeschmelze aus ihren Winterquartieren zurück, um das Tauwetter zu erwarten. Der Schnee verschwindet schnell, und die Gänsepaare suchen sich einen Nistplatz, indem sie auf der offenen, steinigen Tundra eine Mulde anlegen und diese mit Daunen aus der eigenen Brust auskleiden. Während die meisten Entenvögel ihre Nester in wassernaher Vegetation gut verstecken, gibt es hier nur wenige Pflanzen, sodass das Gänsenest und seine Umgebung offen liegen. Das ist in einem Lebensraum, in dem Polarfüchse zu Hause sind, nicht ideal, aber die Gänse haben einen Nachbarn, der jeden eindringenden Fuchs prompt abwehrt – die Schneeeule.

In dieser Region ist die Schneeeule ein Spitzenprädator. Obwohl es für sie kein Problem wäre, eine ausgewachsene Ringelgans zu töten, ganz zu schweigen von einer jungen, konzentrieren sich Schneeeulen zur Brutsaison ausschließlich auf Lemminge. Ein einzelner davon ist keine reiche Mahlzeit für eine Schneeeule, aber in manchen Jahren sind die kleinen Nagetiere so zahlreich, dass ein Paar Schneeeulen eine Brut von zehn oder mehr Eulenküken nur mit Lemmingfleisch großziehen kann. Überzählig erlegte Lemminge, die von den vollgefressenen Küken verschmäht werden, liegen dann wie grausige Statussymbole rings um die Eulennester aufgereiht.

Ringelgänse auf der Taimyrhalbinsel nisten bevorzugt in der Nähe von Schneeeulen.

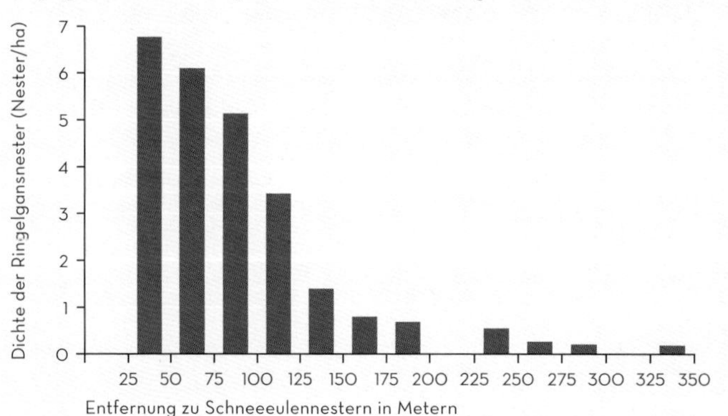

Rechte Seite oben: Für eine Ringelgans lohnt es sich, in der Nähe von Schneeeulen zu nisten, da diese weniger gefährlich sind als Polarfüchse und dazu die Füchse aus dem gesamten Gebiet fernhalten.

Rechte Seite unten: Solange Lemminge im Überfluss vorhanden sind, töten Schneeeulen während der Brutsaison relativ wenige Vögel.

Sind viele Lemminge in der Tundra, gibt es auch mehr Schneeeulennester. Das ist gut für die Ringelgänse, die ihre Nester in der Nähe der Eulen anlegen. Im Rahmen einer Studie wurden acht Gänsenester in der Nähe eines einzigen Eulennestes gefunden, wobei das nächstgelegene nur 40 m entfernt war. In einigen Gebieten wurden Ringelgänse beobachtet, die nur 5 m von einem aktiven Schneeeulennest entfernt brüteten. Diese Eulen-/Entenvögelkolonien kommen den Gänsen zugute, weil die Eulen Polarfüchse aus einem großen Radius ums Nest vertreiben. Dank der offenen Landschaft können diese einen sich nähernden Fuchs schon von Weitem ausmachen und ihm Beine machen.

Die Anwesenheit nistender Eulen scheint entscheidend für die Gänse zu sein, denn in Jahren mit sehr wenigen Lemmingen nisten weder Eulen noch Gänse in diesem Gebiet. Ein Mangel an diesen Tieren macht auch Fuchsangriffe wahrscheinlicher, da die Füchse eine andere Nahrungsquelle finden müssen. So sind die Lemminge eine Art unfreiwillige Währung in der Ökonomie dieses besonderen Ökosystems. Ihre stark schwankende Population beeinflusst zahlreiche Verhaltensmuster bei allen anderen Tierarten, die sich die Taimyrtundra als Lebensraum teilen.

In der Arktis nisten auch andere Entenvögel nachweislich in der Nähe gefährlicher Raubtiere: Rothalsgänse beispielsweise in der Nähe von Rauhfußbussarden und Prachteiderenten in der Nähe von Falkenraubmöwen. Auch an der Küste des Vereinigten Königreichs machen sich Wanderfalken oft in unmittelbarer Nähe anderer Vögel wie Möwen und Alken breit. Auf den ersten Blick scheint dies für die anderen Vögel sehr gefährlich zu sein, denn Wanderfalken können und werden so gut wie alles töten, was Flügel hat. Die Jagdtechnik des Wanderfalken besteht jedoch darin, sich aus großer Höhe kopfüber auf die Beute zu stürzen, und dazu benötigt er viel Anlauf. Unmittelbare Nachbarn sind deshalb meist sicher vor ihm und können wie die Gänse bei den Schneeeulen von der Wachsamkeit des Wanderfalken gegenüber Eindringlingen profitieren.

Gelegentlich kommt es jedoch zu unerwarteten Konsequenzen. Im Sommer 2014 erforschten Ornithologen Wanderfalken in Dorset an der Südküste Englands. Dabei stellten sie sehr überrascht fest, dass eines der von ihnen untersuchten Paare sein Nest verlassen und das Nest eines Silbermöwenpaares übernommen hatte, das in einem der alten Horste der Wanderfalken gebrütet hatte. Was mit den Möweneltern geschah, als die Wanderfalken beschlossen, sich hineinzudrängen, ist nicht bekannt, aber es schien, als hätten die Falken die Möwenküken adoptiert, und nun fütterten sie diese zärtlich mit zerrissenen Taubenstücken, ganz wie sie es mit ihren leiblichen Küken getan hätten.

Die Ornithologen beobachteten das Nest, bis die Möwenküken erfolgreich flügge wurden, doch über ihr weiteres Schicksal ist nichts bekannt. Wir können nur darüber spekulieren, wie sie mit den explosiven Flugspielen und dem Füttern in der Luft zurechtgekommen sein könnten, das Wanderfalken ihren flüggen Küken angedeihen lassen. Möglicherweise mussten sich Dorsets Strandurlauber in jenem Winter ja vor einer kleinen Bande besonders draufgängerischer Frittendiebe in acht nehmen.

Linke Seite oben: Polarfüchse sind generalistische Raubtiere der Tundra und stellen eine ernsthafte Gefahr für alle bodenbrütenden Vögel dar.

Linke Seite unten: Fälle, in denen Wanderfalken die Küken von Silbermöwen aufziehen, täuschen über die normalerweise feindseligen Beziehungen zwischen den beiden Arten hinweg.

ZWANGLOSE NÄHE

Die Verwendung des Begriffs „lockere Kolonien“ in diesem Buch betont, dass wir keine klare, allgemeingültige Definition dafür haben, was eine Kolonie eigentlich ist. Wenn wir eine Anzahl Nester sehen, die dicht aufeinander gepackt oder gar miteinander verschmolzen sind, dann ist das eindeutig eine Kolonie, aber wie steht es mit drei Schwalbennestern in einer Scheune? Reicht das schon für eine Kolonie? Und wenn jedes zehnte Gebäude in einem kleinen Dorf ein Weißstorchnest auf dem Schornstein hat, liegen diese Nester nahe genug beieinander, um als Kolonie zu gelten?

Die Raumansprüche verschiedener Vogelarten und inwieweit sie zu verschiedenen Jahreszeiten Artgenossen in ihrer Nähe tolerieren, sind Gegenstand der Forschung. Bei einem Schwarm Stare auf der Stromleitung etwa lässt sich ein gewisses Muster zwischen ihren Sitzplätzen ausmachen, das an die Noten eines einfachen Liedes in der Notenzeile erinnert. Anstatt hier gedrängt und da verstreut zu sitzen, sind sie ordentlich und gleichmäßig verteilt. Diese Abstände entstehen, weil jeder Vogel seine unmittelbare Umgebung mit Schnabelhieben freihält und alle exakt außerhalb der Reichweite ihrer Nachbarn bleiben.

In Familiengruppen kann sich dieser Abstand auf null reduzieren. So sitzen beispielsweise Familienverbände australischer Türkisstaffelschwänze und Buschschwanzmeisen eng aneinandergedrängt auf einem Ast und beziehen so Wärme und vielleicht auch Geborgenheit aus der gegenseitigen Nähe. Am anderen Ende der Skala stehen Vögel wie die Steinadler, von denen ein Paar ganzjährig ein Territorium von bis zu 200 km² beansprucht – ausreichend Raum, um seltene Beute in diesem rauen Gelände zu finden. Innerhalb ihres Reviers suchen die beiden Partner auch nicht gerade die Gesellschaft des jeweils anderen, solange es nicht unbedingt sein muss. So können viele Wochen vergehen, ohne dass sie sich begegnen, bis auf flüchtige Blicke, wenn sie über weitentfernte Bergkämme gleiten.

Die meisten Vögel, die zur Brutzeit ein Revier beanspruchen, haben ein Streifgebiet, das über die verteidigten Reviergrenzen hinausgeht und so zusätzliche Ressourcen eröffnet. Ein solches kann sich mit denen der Nachbarn überschneiden, während ein Revier dies normalerweise nicht tut. Innerhalb dieser Überschneidungsbereiche kommt es kaum oder gar nicht zu Aggressionen zwischen den Nachbarn. Bei den meisten Koloniebrütern liegt das verteidigte Territorium klar vom Streifgebiet getrennt. Zum Territorium gehört das Nest und sein unmittelbares kleines Umfeld, während sich das Streifgebiet dort befindet, wo sie ihre Nahrung suchen, und es kann enorm groß sein. Wenn ein kleines Revier in einem großen Streifgebiet liegt und die betreffende Art dort eine hohe Populationsdichte aufweist, ist es wahrscheinlich, dass sich die Streifgebiete vieler Paare überschneiden. Diesen Zustand könnten wir als „lockere Kolonie“ bezeichnen.

Oben: Die prachtvollen Türkisstaffelschwänze lieben körperliche Nähe.

Rechte Seite oben: Stare sitzen gleichmäßig verteilt auf ihren Leitungsdrähten. Sie sind sich gerne nahe – aber bitte mit Abstand.

Rechte Seite unten: Steinadler gehören zu den einzelgängerischsten Vögeln. Paare und unverpaarte erwachsene Vögel verteidigen das ganze Jahr über ein großes Territorium für sich allein.

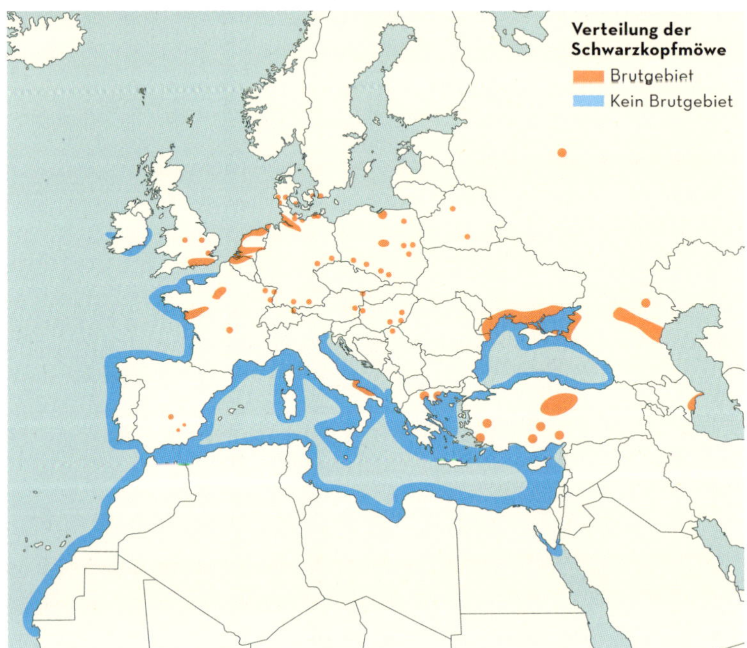

Oben: Schwarzkopfmöwen, die ihre Population nach Norden ausweiten, dominieren und verdrängen kleinere Möwen und Seeschwalben in Brutkolonien.

Links: Da die Schwarzkopfmöwen ihr Überwinterungsgebiet ausdehnen, erschließen sie auch neue Brutgebiete.

Die soziale Dynamik einer lockeren Kolonie ist schwieriger zu beobachten und ergründen, als die einer sozial eng gestrickten. Je größer der Abstand zwischen den Nestern, desto unwahrscheinlicher wird es, dass Nachbarn auf Bedrohungen reagieren, die nicht ihr eigenes Nest betreffen, geschweige denn diese überhaupt bemerken. Diese Art des Nistens verzichtet auf die Vorzüge vermehrter Wachsamkeit und kollektiver Verteidigung, wie man sie aus dicht gebauten Kolonien kennt. Außerdem sind soziale Verhaltensweisen wie die Krippen- und Klanbildung sowie die Rekrutierung von „Nesthelfern" in lockeren Kolonien selten. Vögel, die dort aufwachsen, entwickeln auch nicht dieselbe dauerhafte Bindung zur Kolonie. Ausgeflogene Jungvögel verstreuen sich eher, als später an ihren Herkunftssort zurückzukehren, wenn sie selbst bereit zum Brüten sind.

Die meisten Arten, die sich zu lockeren Kolonien zusammenfinden, nisten allein und sind nicht auf die Anwesenheit anderer angewiesen. Die Abstände zwischen ihren Nestern hängen also davon ab, wie reichhaltig die Ressourcen relativ zur Populationsgröße sind. Sie nisten nur dann enger, wenn die Bedingungen eine dichtere Population zulassen. Ein kleines Territorium stellt auch eine Art Luxus dar, insofern, als dass die Überwachung kürzerer Grenzen weniger Zeit in Anspruch nimmt. Obwohl eine große Nachbarschaft mehr Konflikte bedeuten kann, gehen direkte Nachbarn meist relativ tolerant miteinander um, sobald ihre Grenzen einmal gegenseitig anerkannt sind. Später in der Brutsaison müssen die Vögel ihre Energie auf den Nestbau, das Brüten und die Fütterung der Küken konzentrieren, anstatt sich in endlosen Scharmützeln über Reviergrenzen zu verausgaben. Forschungen haben ergeben, dass ein territorialer Vogel kaum auf Tonaufnahmen der Stimme eines Nachbarn reagiert. Aufnahmen der Stimme eines fremden Artgenossen hingegen lösen eine sehr heftige Reaktion aus.

EIN TYRANN IN DER NACHBARSCHAFT

Gemischte Kolonien können auch gemischten Segen bringen. In den letzten Jahrzehnten hat eine südeuropäische Möwenart begonnen, die Küste Süd- und Ostenglands sowie verschiedene andere Teile Nordeuropas zu besiedeln. Die Schwarzkopfmöwe steht mittlerweile kurz davor, in Schottland zu brüten.

Zunächst genossen Vogelbeobachter auf Großbritannien noch die Herausforderung, die ersten Paare dieser Art in Lagunen und Sümpfen am Meer zu erspähen, wo sie inmitten großer Lachmöwenkolonien nisteten. Die beiden Arten sind sich recht ähnlich, doch bei genauer Beobachtung fällt auf, dass die „neue" Möwe größer ist, einen kräftigeren Schnabel, weißere Flügel und eine schwärzere Haube hat, die sich am Hals tiefer herunterzieht. Die Schwarzkopfmöwe ist ein wunderschönes Tier, und

Vogelbeobachter schätzen diese Bereicherung der Vogelwelt der Britischen Inseln. Die Lachmöwen jedoch sind weniger begeistert von ihren neuen Nachbarn.

Schwarzkopfmöwen sind in Kolonien normalerweise leicht auszumachen, nicht nur wegen ihres unterschiedlichen Aussehens, sondern auch weil sie stets am selben Ort zu finden sind: mitten in der Kolonie auf dem höchstgelegenen und sichersten Grund. Hier nisten normalerweise die stärksten und dominantesten Lachmöwen, doch diese wurden von den größeren Schwarzkopfmöwen verdrängt.

Für Brandseeschwalben ist die Ankunft dieses Neuankömmlings noch weniger erfreulich, denn die Schwarzkopfmöwen fressen ihre Küken. Brandseeschwalben sind große Seeschwalben mit zotteliger Haube, die oft inmitten von Lachmöwenkolonien brüten. Im Allgemeinen ist diese Nachbarschaft positiv geprägt. Die Seeschwalben profitieren nicht nur vom heftigen Abwehrverhalten der Möwen gegen Raubtiere, sondern auch von deren Fähigkeit, gute und sichere Nistplätze auszuwählen. Da sie nicht ziehen, haben die Lachmöwen mehr Zeit, verschiedene Orte zu erkunden und auszuwählen. Die Seeschwalben hingegen verbringen den Winter in Afrika und müssen sehr bald nach ihrer Rückkehr mit dem Brüten beginnen.

An der Seite der Möwen können die Seeschwalben in kleineren Zahlen erfolgreich brüten als es nur unter ihresgleichen möglich wäre. Gelegentlich verlieren sie zwar Eier und Küken an die Möwen, und manchmal auch die Fische, die sie für ihren Nachwuchs mitbringen, aber Studien haben gezeigt, dass diese Plünderungen und Diebstähle den Bruterfolg der Seeschwalben kaum beeinträchtigen.

Die Schwarzkopfmöwe ist jedoch räuberischer als die Lachmöwe, und ihre zunehmende Anzahl beeinträchtigt die Seeschwalben immer stärker. An einigen Standorten hat dies zum völligen Brutversagen der Brandseeschwalbenpopulation innerhalb der Kolonie geführt.

Ähnliche Szenarien spielen sich weltweit ab – auch außerhalb der menschlichen Wahrnehmung. Während einige natürliche Lebensräume langfristig sehr stabil sind, zeigen sich andere äußerst dynamisch, und dort gibt es zwangsläufig Gewinner und Verlierer. In diesem Fall wird der Brandseeschwalbe die Angliederung an Lachmöwenkolonien zum Verhängnis, und genau deshalb sind individuelle Veranlagungen so wichtig. In Gebieten, in denen die Zahl der Schwarzkopfmöwen zunimmt, werden diejenigen Seeschwalben einen evolutionären Vorteil erlangen, die aufgrund ihrer genetischen Ausstattung und Erfahrung lieber eigene Kolonien bilden – fernab von allen Möwenarten.

Rechte Seite: Eine Schwarzkopf- und zwei Lachmöwen greifen eine Brandseeschwalbe an und rauben den Fisch, den sie in ihr Nest zurückbringen will.

ARTENPROFIL

DER ROTKEHL-HÜTTENSÄNGER

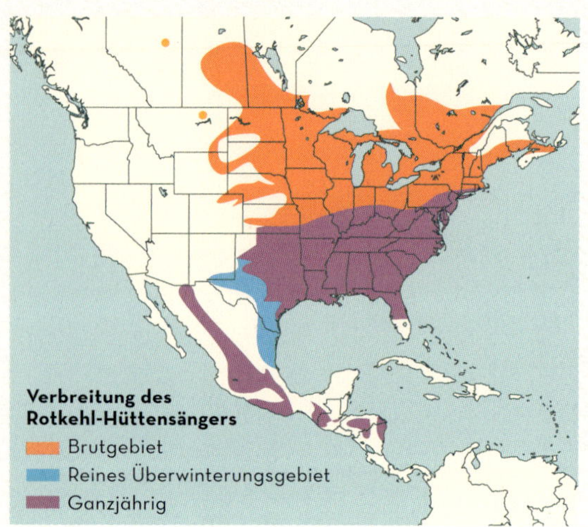

Der Rotkehl-Hüttensänger ist weitverbreitet und legt derzeit zahlenmäßig noch deutlich zu. Das liegt wahrscheinlich auch an der großzügigen Bereitstellung von Nistkästen durch die Bevölkerung des nordamerikanischen Ostens.

Der Rotkehl-Hüttensänger ist ein wunderschöner, ikonischer Vogel Nordamerikas, und Vers und Prosa bezeugen, dass er schon viele Menschen beglückt hat. Er nistet in natürlichen Baumhöhlen und nutzt außerdem bereitwillig vom Menschen gefertigte Nistkästen. Dies kommt den Vögeln sehr zugute, da Waldgebiete in den letzten Jahrhunderten erheblich geschrumpft sind und alte, hohle Bäume aufgrund intensiver Waldbewirtschaftung heute eher gefällt werden, als dass man sie stehen lässt.

Der Rotkehl-Hüttensänger ist jedoch nur einer von vielen kleinen Vögeln, die in Höhlen brüten, und Menschen, die Nistkästen anbringen, um ihn anzulocken, müssen oft hilflos mitansehen, dass andere, aggressivere Höhlenbrüter wie die Sumpfschwalbe dort einziehen. Obwohl der Hüttensänger einer Sumpfschwalbe im Einzelkampf mehr als gewachsen ist, nisten Sumpfschwalben wie die meisten Schwalbenarten gerne sehr nah beieinander und bilden Kolonien. Erstere hingegen sind aggressiv territorial und vertreiben Artgenossen im weiten Umkreis.

Bringt man also mehrere Nistkästen zu nahe beieinander an, wird wahrscheinlich nur einer von einem Hüttensängerpärchen besiedelt, während möglicherweise Sumpfschwalben alle anderen besetzen. Mit Unterstützung der gesamten Schwalbenkolonie ist es dann fast unvermeidlich, dass schließlich ein Schwalbenpaar die Hüttensänger verdrängt.

Es gibt jedoch einen schlauen Kniff, der ein harmonisches Zusammenleben beider Arten ermöglicht. Dieser besteht darin, Nistkästen paarweise mit reichlich Abstand zwischen den Kastenpaaren dicht nebeneinanderzuhängen. So erreichen die Schwalben nicht die kritische Masse, um sich gegen die Hüttensänger zu verbünden, und beide Arten können Seite an Seite in nachbarschaftlichem Frieden leben.

Oben: Dieser charmante, typisch amerikanische Vogel wird in der Kultur seines Verbreitungsgebiets gefeiert.

Unten: Die Sumpfschwalbe konkurriert mit dem Rotkehl-Hüttensänger um Nisthöhlen. Diese Konkurrenz kann durch die Bereitstellung vieler Nistkästen und eine sorgfältige Platzierung, die den Vorlieben beider Arten entgegenkommt, verringert werden.

KAPITEL 8

DIE STADT IN DER STADT

Der Mensch mag nicht das einzige städtebauende Wesen dieser Erde sein, aber er ist gewiss das sichtbarste. Etwa 3 % der weltweiten Landfläche sind urbanisiert, und weit über die Hälfte der Menschheit lebt im städtischen Raum. Wer auf eine Großstadt blickt, kann sich nur schwer die einst ungezähmten Orte vorstellen, die durch Betonlandschaften ersetzt wurden. Pflanzliches Leben, das vitale Rückgrat aller Landökosysteme, ist Mangelware. Grün wird in Hinterhöfen und wenigen gestriegelten Parks eingepfercht, und viele der dortigen Pflanzen sind gebietsfremd und daher für die lokale Tierwelt kaum nützlich. Dennoch finden manche Vögel Wege, um in diesen trostlosen Landschaften zu überleben. Einige von ihnen nutzen sogar die menschlichen Bauwerke als Fundament für ihre eigene Stadt.

Städte und Gemeinden bieten sehr unterschiedliche Lebensräume für Vögel. Während einige Vögel ein großes Gebiet brauchen, in dem sie sowohl Nahrung als auch einen Nistplatz finden, sind andere daran angepasst, weite Strecken zwischen Brutplatz und Nahrungsgründen zurückzulegen. In ihrem Brutgebiet muss es nur ein sicheres Fleckchen geben, das groß genug ist für ein Nest. Diese Lebensweise fördert die Koloniebildung, weil es in manchen Situationen sehr vorteilhaft sein kann, in der Nähe von Artgenossen zu nisten. Auch die städtische Landschaft bietet Vorteile für solche Vögel, vor allem dann, wenn gute Futterplätze wie Feuchtgebiete oder das Meer in der Nähe sind.

Die Zusammensetzung der Vogelwelt städtischer Gebiete wird teilweise vom Alter und Baustil der Gebäude, von der Größe und Qualität der Grünflächen sowie dem Ausmaß der Straßenreinigung beeinflusst. Ältere und weniger makellose Gebäude bieten mehr potenzielle Nistplätze und Verstecke für wirbellose Tiere, die vielen Vögeln als Nahrung dienen. Gärten, Parks, Straßenränder sowie Brachen, in denen einheimische Pflanzen wachsen, und selbst Dachrinnen bieten zusätzlichen Lebensraum für Insekten. Straßen, die nicht ständig von Essensresten und anderem organischen Material gesäubert werden, ziehen „Putztrupps“ von Wildtieren an, zu denen oft auch Vögel gehören. Das soll nicht heißen, dass eine gepflegte, moderne und wohlhabende Stadt keine guten Lebensräume für Wildtiere bieten kann. Initiativen zur Dachbegrünung und Zonen für Wildwuchs in Parks sowie Nistkästen für Vögel wie Mauersegler und Falken gestalten Städte grüner und vogelfreundlicher.

Seite 158: Obwohl sie evolutionsgeschichtlich zu den Klippenbrütern gehören, lassen sich Dreizehenmöwen gerne auf geeigneten Simsen an Gebäuden in Meeresnähe nieder.

Linke Seite: Die verwilderte Straßentaube ist der archetypische Stadtvogel, aber sie stammt von Vorfahren ab, die in Klippen und Felsen nisteten.

BINNENKLIPPEN

Sollten Sie irgendwo am Nordatlantik oder Nordpazifik in einer Küstenstadt wohnen, hatten Sie vielleicht schon das Vergnügen, bestimmte Möwenarten als Nachbarn zu haben. In Westeuropa sind es Silber-, Mittelmeer- und manchmal auch Heringsmöwen. Auf den Hausdächern entlang der Westküste der USA und Kanadas brüten zahlreiche Eis- und Westmöwen; und an der Ostküste findet man die Kanadamöwen.

Die Simse und Dächer der Gebäude der Küstenstädte kommen Klippen und Felsvorsprüngen am Meer recht nahe. Auch sie bestehen aus solidem, oft steinartigem Material, sind hoch gelegen und vergleichbar sicher wie echte Klippen. Möwen sind die anpassungsfähigsten und unternehmungslustigsten aller Seevögel, und es überrascht nicht, dass sie als Erste Gebäude zum Nisten nutzen möchten. Dabei hilft es, dass stadtnahe Strände meist zuverlässige Nahrungsgründe sind, denn dort gibt es reichlich fallen gelassene und weggeworfene Lebensmittel, die sie viel einfacher ergattern können als Fischereiabfälle.

Diese vertraute und ebenso weithin wie ungenau als „Seemöwen" bekannte Gruppe setzt sich aus großen, kräftigen Möwenarten zusammen. Zunehmend etablieren sich Möwenkolonien auch auf Dächern im Landesinneren. Diese Möwen sind Opportunisten – sowohl in Bezug auf ihre Ernährung, als auch auf Wohnraum. Wenn Nahrung problemlos landeinwärts zu finden ist, wie etwa auf Mülldeponien, müssen sie sich nicht unbedingt in Küstennähe aufhalten.

Auf der Südhalbkugel hat sich die sehr seltene neuseeländische Maorimöwe ein Beispiel an ihren nördlichen Vettern genommen und in der Stadt Christchurch auf einem stillgelegten Bürogebäude eine blühende Kolonie gegründet. Unter normalen Bedingungen ist diese Möwe ein Bodenbrüter. Der größte Teil ihrer weltweiten Population von nur etwa 60 000 Brutpaaren nistet an der Südspitze der neuseeländischen Südinsel, in ländlicher Umgebung und vor allem auf den Sandbänken und Inseln verflochtener Flüsse sowie auf den umliegenden Feldern und Seeufern.

Ihre natürlichen Kolonien sind durch Überschwemmungen gefährdet, und eingeschleppte Raubtiere wie Wiesel und Katzen töten einen großen Teil der Jungmöwen. Diejenigen Vögel, die sich auf den Betonfundamenten eines seit langem verfallenden Bürogebäudes in der Armagh Street niedergelassen haben, sind vor diesen beiden Bedrohungen sicher. Der Ort ist auch für Menschen gesperrt, die Vögel sind streng geschützt und dürfen nicht gestört oder geschädigt werden. Infolgedessen wuchs die Kolonie seit ihrer Gründung im Jahr 2019 auf 130 Maorimöwenpaare heran.

Genauso wie schmale Simse und steile Dächer an Klippen erinnern, ähneln Flachdächer Inseln, insbesondere, wenn sie mit Kies bedeckt sind. Meeresnahe Gebäude mit großen, flachen Kiesdächern sind für Vögel, die sonst auf Stränden und Inseln küstennaher Seen nisten, besonders attraktiv, da sie Schutz vor Landraubtieren sowie Nähe zum offenen Meer bieten. In Florida befinden sich mehr als drei Viertel aller Kolonien der Amerika-

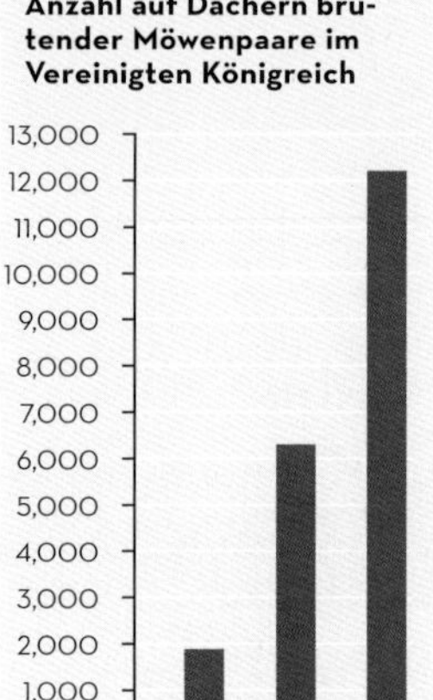

Oben: Großmowen und allen voran die Silbermöwe nutzen zunehmend städtische Dächer als Nistplätze, während ihre Zahl in natürlicheren Brutgebieten zurückgeht.

Rechte Seite oben: Dieses norwegische Dach wurde von Dreizehenmöwen besiedelt, die im Gegensatz zu größeren Artgenossen sowohl die Dachschrägen als auch die flacheren Teile nutzen können.

Rechte Seite unten: Es ist vielleicht nicht das malerischste Zuhause, aber ein heruntergekommenes Bürogebäude in Christchurch, Neuseeland, bietet mehr als 100 Paaren der seltenen Maorimöwe einen sicheren Zufluchtsort.

nischen Zwergseeschwalbe auf Dächern statt in natürlicherer Umgebung – zusammen mit anderen typischen Strandbrütern wie Amerikascherenschnäbeln, Rosenseeschwalben und Klippenausternfischern.

Die relativ kleine Mehlschwalbe – ihr wissenschaftlicher Name lautet *Delichon urbicum* – ist auch als Haus- und Kirchschwalbe bekannt, ein Name, der ihre bevorzugten Nistplätze widerspiegelt. Auch im Vereinigten Königreich bauen diese Vögel ihre Nester fast ausnahmslos unter die schützenden Dachvorsprünge von Wohnhäusern und anderen Gebäuden. Die napfförmigen Nester werden aus Lehmkügelchen gemauert. Am oberen Abschluss befindet sich eine kleine Eingangsöffnung, und der Überhang des Gebäudes dient als Dach. Bevor es Häuser mit Dachüberhang gab, waren Mehlschwalben Felsenbrüter. Es gibt immer noch einige Kolonien an Küstenklippen und Felsen im Landesinneren, obwohl sie zahlenmäßig von denen an Gebäuden weit übertroffen werden.

Auch einige Vögel, die nicht in Kolonien brüten, nisten immer häufiger auf Gebäuden, darunter der Wanderfalke. Dieser legendäre Jäger, der fast überall auf der Welt vorkommt, bereichert die städtische Vogelwelt um eine „Spitzenräuber"-Ebene und wird von Stadtmenschen meist gerne gesehen, weil er weniger beliebte Vogelarten dezimiert. Wanderfalken sind keine Nestbauer und nutzen stattdessen flache Vorsprünge. Sie nehmen auch gerne offene Nistkästen an, solange sie geräumig genug sind, dass ihre Küken ein wenig herumspazieren können. Dazu sollten die Wände niedrig genug sein, um eine gute Aussicht zu bieten, aber hoch genug, dass Eier und Küken nicht herausfallen können. Einige andere Stadtvögel nisten in der Nähe von Wanderfalken und profitieren von deren hoher Wachsamkeit und Aggressivität gegenüber potenziellen Eindringlingen. Das leicht erhöhte Risiko, selbst geschlagen zu werden, nehmen sie dabei in Kauf.

Rechts: Mehlschwalben nisten im Vereinigten Königreich meist an Gebäuden – vorzugsweise unter Dachvorsprüngen oder anderen architektonischen Überhängen.

Linke Seite oben und unten: Wanderfalken nisten zunehmend in Städten rings um die Welt. Von Stadtbewohnern werden sie meist sehr freundlich aufgenommen, nicht zuletzt, weil sie verwilderte Tauben jagen.

KAMPF UM DIE NACHBARSCHAFT

Vögel müssen mit anderen Vögeln um Lebensraum konkurrieren, dazu kommen Säugetiere, Insekten und vor allem der Mensch. Gegen Letztere sind sie so gut wie chancenlos, und nur unser Mitgefühl kann die Vögel schützen, die auf Flächen leben, die als Bauland begehrt sind. Landwirtschaftliche Nutzflächen mögen für Laien „natürlich" aussehen, doch auch sie sind weit weniger geeignet für Wildtiere als das, was vorher war.

Angesichts des wohlbekannten Ausmaßes der Auswirkungen menschlicher Eingriffe in die Natur sollte es Anlass zur Freude sein, dass es einigen wenigen Vogelarten gelingt, in dichtest bebauten Gebieten zu überleben und zu gedeihen. Stattdessen lösen diese Tiere jedoch oft bittere Gegenreaktionen aus. So werden die Silbermöwen, die in Städten nisten, quer durch Großbritannien verabscheut. Möwenhasser führen lange Listen von Vergehen dieser Vögel auf – von Schäden an Fahrzeugen und Eigentum bis hin zu Angriffen territorialer Altvögel, die im Sturzflug jeden attackieren, der ihrem Nest zu nahekommt. Doch der Bestand an Silbermöwen im Vereinigten Königreich ist rückläufig und ihre Tötung mittlerweile gesetzlich verboten. Daher brauchen „Schädlingsbekämpfungs"-Firmen eine Lizenz, um Möwennester zu zerstören und ihr Arsenal verschiedener Abwehrvorrichtungen aus Drähten und Stacheln auf Dächern zu platzieren.

Zum Feindbild australischer Städte gehört der Austral- oder Molukkenibis, der auch wenig liebevoll als „Bin Chicken"(Müllhuhn) geschmäht wird. Dieser hochgewachsene, auf eine etwas grobschlächtige Art attraktive Vogel nistet jetzt in Zierpalmen und sucht auf Straßen und in Gärten nach Nahrung. Seit sich in den 1980er-Jahren die ersten Kolonien bildeten, sind in Sydney etwa 10 000 Ibisse heimisch geworden, auch wenn in Touristengebieten einige davon getötet wurden. In geringerem Umfang können Stadtbewohner auf der ganzen Welt erleben, wie verschiedene Spatzen, Schwalben, Mauersegler, Stare und Tauben in allerart Gebäuden und Wohnhäusern ihre eigenen Minizivilisationen errichten.

Ausgedehnte städtische Bebauung gibt es auf diesem Planeten allerdings erst seit ein paar hundert Jahren. Was also haben all diese Vögel zuvor getrieben? An den wilden, zerklüfteten und abgelegenen Küsten des Vereinigten Königreichs kann man Silbermöwen in ihrem ursprünglichen Lebensraum finden. Dort nisten sie auf breiten Felsvorsprüngen und grasbewachsenen Gipfeln und finden ihre Nahrung entlang der Küste und im flachen Meer.

Viele von ihnen zieht es zur Nahrungssuche in Fischereihäfen. Dort verputzen sie die Abfälle, die bei der Fischverarbeitung anfallen. Schrumpfende Fischbestände haben jedoch auch zu einem Rückgang der Fischereiindustrie geführt, was sich auf viele im Vereinigten Königreich brütende Seevögel stark ausgewirkt hat. Nur die Möwen, und insbesondere die Silbermöwe, haben sich im urbanen Raum eine geeignete alternative Nische erschlossen. Obwohl die Zahl dieser in Städten nistenden Vögel immer noch deutlich niedriger ist als die der ländlichen Population, geht es der Art nur in den Städten gut – an den naturbelassenen Küsten nimmt sie weiter ab.

Rechte Seite oben: Offene Müllkippen sind Fundgruben für Aasfresser wie Möwen.

Rechte Seite unten: In Küstensiedlungen können Orte, an denen Fisch verarbeitet und verkauft wird, massenhaft Möwen anziehen.

WOHNUNGSBAU AUF HÄUSERN

Das erste Viertel des 21. Jahrhunderts ist bald vorbei, und der Mensch kann nicht mehr einfach die Augen vor den Auswirkungen seines Treibens auf die Natur verschließen. Nicht nur Mitgefühl, sondern auch nacktes Eigeninteresse motivieren uns, die Natur zu schützen. Für viele Menschen in den Industrieländern war der Klimawandel lange eher ein Thema zum Nachlesen, als etwas direkt Erlebtes. Doch das ändert sich jetzt. Waldbrände und Überschwemmungen führen zur Zerstörung von Eigentum und zum Verlust von Menschenleben, und in manchen Gegenden beginnen nun auch die Sommer, unerträglich heiß zu werden.

Der Verlust an Wildtieren wird ebenfalls spürbar, und der starke Rückgang bestäubender Insekten ist nur das Vorspiel zu schrumpfenden Ernteerträgen. Natürlich ist in vielen Entwicklungsländern die Lage bereits jetzt schon viel schlimmer. Selbst wenn Sie zu den Menschen gehören, die ihren Garten zupflastern und gegen die Möwen auf dem Dach anbrüllen, können Sie nicht länger so tun, als sei Ihr zukünftiges Überleben vom Wohlergehen der natürlichen Welt entkoppelt.

Der Begriff „Artenvielfalt" hat sich wohl zu einem der Schlagworte des Tages (oder auch Jahrhunderts) entwickelt. Mehr denn je besteht Interesse an neuen Mitteln und Wegen, um Populationen wild lebender Arten zu stärken – auch in unseren Städten. Es gibt viele Möglichkeiten, die Natur ins Stadtzentrum zurückzuholen, doch Futterhäuschen für Vögel allein sind zu wenig. Die Förderung von Wildtieren muss buchstäblich auf der Graswurzelebene beginnen, denn mehr natürlich vorkommende, einheimische Pflanzen versorgen auch mehr wirbellose Tiere. Nur wenn es wieder mehr Wildpflanzen, Insekten und andere Krabbeltiere gibt, kann man auch mit einem echten und nachhaltigen Anstieg sichtbarer Wildtiere wie Vögeln rechnen. Selbst die meisten samenfressenden Vögel benötigen während der Brutzeit Insekten als Futter für ihre Küken.

Vögel brauchen nicht nur geeignete Nahrung für ihre Jungen, sondern auch Nistplätze. In Gärten können wir dichte Dornenhecken für die Arten pflanzen, die offene Schalennester in die Vegetation bauen, und Nistkästen für Vögel anbringen, die von Natur aus in Baumhöhlen nisten. Mit etwas Kreativität besteht auch die Möglichkeit, unsere Häuser für Wildvögel zu erschließen.

Moderne Häuser und ihre Baumaterialien kommen den Bedürfnissen nistender Vögel kaum entgegen. Im Vereinigten Königreich ist der Rückgang von Mehlschwalbennestern auch auf die PVC (Polyvinylchlorid)-Verkleidungen zurückzuführen, die viele neue und modernisierte ältere Häuser unter ihren Dachrinnen haben. Die Schlammkugeln, aus denen die Schwalben ihre Nester bauen, haften zwar an Mauerwerk und Holz, aber nicht an glattem Kunststoff.

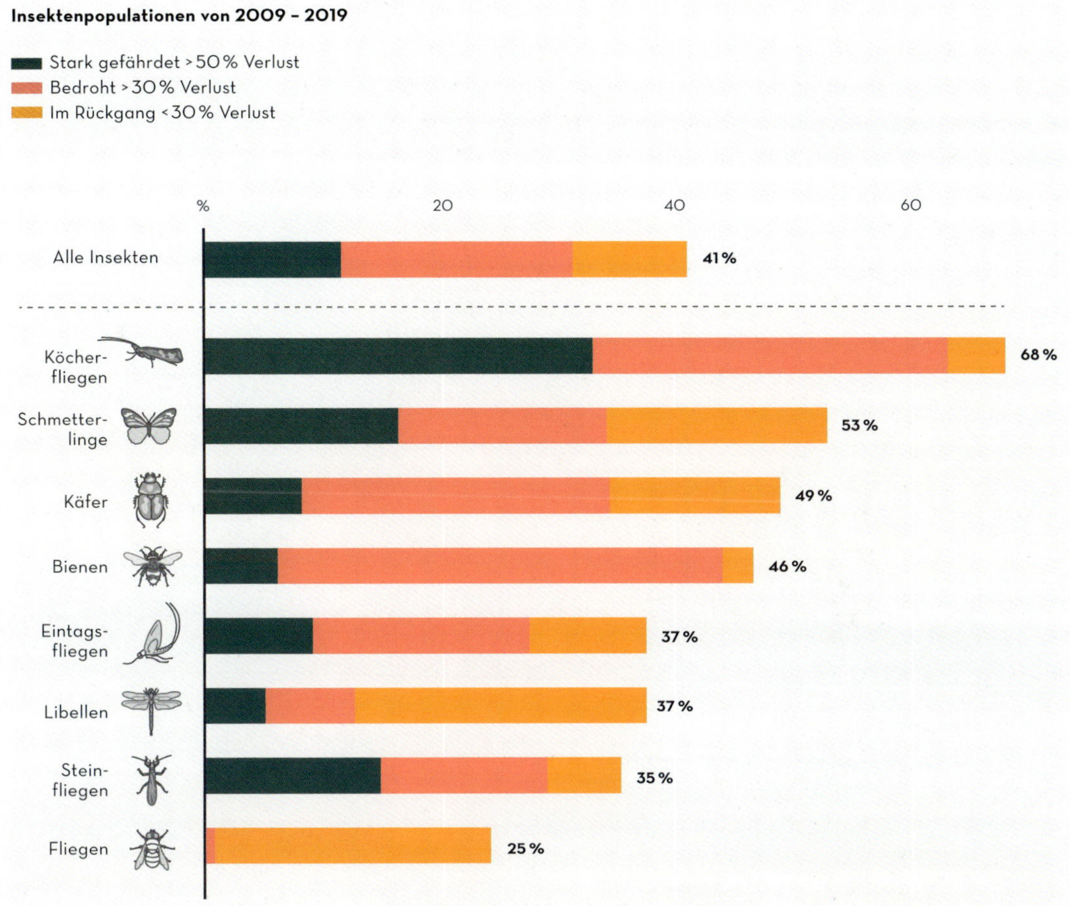

Insektenpopulationen von 2009 – 2019

- Stark gefährdet >50 % Verlust
- Bedroht >30 % Verlust
- Im Rückgang <30 % Verlust

% · 20 · 40 · 60

Gruppe	Verlust
Alle Insekten	41 %
Köcherfliegen	68 %
Schmetterlinge	53 %
Käfer	49 %
Bienen	46 %
Eintagsfliegen	37 %
Libellen	37 %
Steinfliegen	35 %
Fliegen	25 %

Oben: Zu Beginn des 21. Jahrhunderts sind die Insektenpopulationen weltweit drastisch eingebrochen, und etwa 41 % der Arten gelten heute als vom Aussterben bedroht oder stark gefährdet. Dies wirkt sich unweigerlich auf Vögel und andere Wildtiere aus, die auf gesunde Insektenpopulationen angewiesen sind.

Rechts: Die Purpurschwalbe, eine amerikanische Art, gehört zu den vielen in Städten nistenden Vogelarten, die reichlich große Fluginsekten benötigen, um ihre Brut zu ernähren.

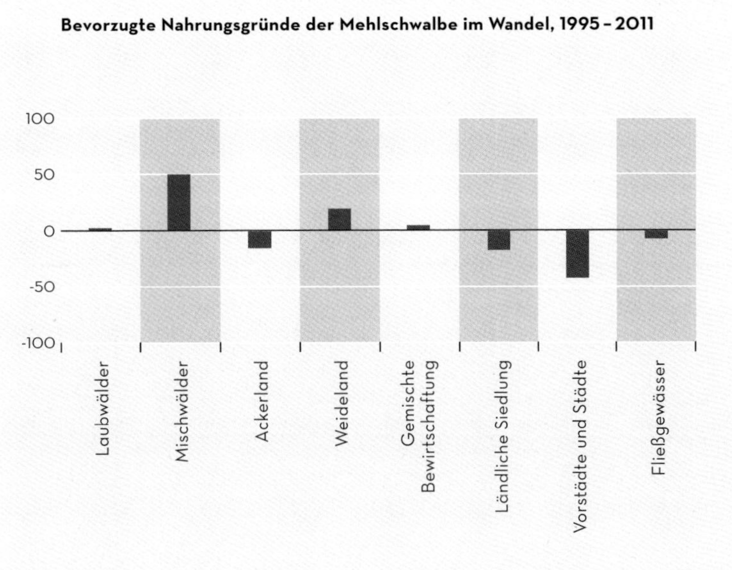

Oben: Mehlschwalben gehen im Vereinigten Königreich zunehmend außerhalb der Städte und Dörfer auf Nahrungssuche, auch wenn die meisten Populationen noch immer an Gebäuden nisten.

Linke Seite: Uferschwalben besiedeln gerne Nistkästen wie diese, die nicht nur ein interessantes Gartenelement darstellen, sondern den Vögeln auch ein Zuhause bieten.

Gleichzeitig nimmt das Ausbessern löchrigen Mauerwerks Staren und Mauerseglern Nistplätze weg, und wer Efeu von alten Mauern abreißt, kann damit eine ganze Kolonie von Haussperlingen obdachlos machen. Wenn Lebensräume von Vögeln, die bevorzugt in Gruppen nisten, zu stark fragmentiert werden, können sie keine ausreichend großen Kolonien bilden, was den Bruterfolg unverhältnismäßig stark beeinträchtigen kann.

Designer und Naturschützer gehen dieses Problem auf vielfältige Weise und mit gemischtem Erfolg an. Ein in den sozialen Medien weitverbreitetes Internet-Meme zeigt ein Hausdach in der Türkei, bei dem einige Tonziegel durch Nistkästen aus Terrakotta ersetzt wurden. Diese sehen zwar toll aus, aber sie finden wahrscheinlich kaum Interessenten, da sie für die meisten Vögel viel zu klein sind. Außerdem haben sie zu große Einfluglöcher, sodass jeder Raubvogel bequem eindringen könnte. Doch selbst ein besseres Design würde durch seine Lage in der prallen Sonne für die Bewohner sehr unangenehm werden. Anderswo vermarktet man innovative Nistkästen mit drei Fächern als „Reihenhaus“ für Haussperlinge. Doch obwohl Haussperlinge in Kolonien nisten, brauchen sie allem Anschein nach mehr Abstand zum Nachbarn, als es das Design des Nistkastens vorschreibt, und so ist oft nur eines der drei Fächer besetzt.

Doch es gibt auch erfolgreichere Ansätze. Im Vereinigten Königreich waren Mauersegler einst ein vertrauter Anblick, aber zwischen 1995 und 2016 ist ihre Zahl um 53 % zurückgegangen. Nicht nur das Schwinden ihrer einzigen Nahrungsquelle, nämlich Fluginsekten, macht ihnen zu schaffen, sondern auch ein Mangel an guten Nistplätzen. Am liebsten nisten sie in genau den Ritzen und Spalten von Wänden, die viele Hausbesitzer verständlicherweise ausbessern wollen. Um sowohl die Vögel als auch ihre menschlichen Gastgeber zufriedenzustellen, wurden speziell angefertigte Einbaunistkästen für Mauersegler, sogenannte „swift bricks“, entwickelt. Sie bestehen aus einer robusten Holz-Beton-Mischung und können beim Bau eines neuen Hauses mit eingemauert werden. Der Nistkasten bietet den Mauerseglern einen perfekten Nistplatz, ohne das Aussehen oder die Statik der Wand zu beeinträchtigen und ohne die Gefahr, dass die Vögel ins Innere des Hauses gelangen. Einige Anbieter verkaufen auch Aufnahmen von Mauerseglerrufen, mit denen man die Vögel bei ihrer Rückkehr aus Afrika im Frühjahr zum Nistplatz locken kann.

In Europa bilden Weißstörche Kolonien auf Bäumen, doch sie nisten auch auf Dächern. Im Gegensatz zur Möwe auf dem Dach sind die Störche jedoch meistens sehr beliebt. Vielleicht liegt das daran, dass sie Nahrung auf dem offenen Land suchen, anstatt die Straßen danach zu durchstöbern. Tatsächlich gilt das Storchennest auf dem Dach in einigen Kulturen als Glücksbringer für jene, die eine Familie gründen wollen, denn schließlich wird der Storch mit der Ankunft neuer Babys in Verbindung gebracht.

Früher befestigten die Menschen ein Wagenrad als Nistplattform auf ihrem Schornstein, um die Vögel anzulocken. Storchenhorste sind wuchtige Gebilde und jede Hilfe beim Nestbau wird von den Vögeln dankbar angenommen. Heute verwendet man speziell angefertigte Nistplattformen, die den Weißstorch erfolgreich in Städte und Dörfer zurückgebracht haben, aus denen er einst verschwunden war. Zum Zeitpunkt der Erstellung dieses Kapitels hat das Europäische Netzwerk der Storchendörfer 15 Dörfern in 15 europäischen Ländern dabei geholfen, florierende Storchenkolonien aufzubauen. Die Organisation bindet die Bevölkerung auf allen Ebenen ein und gibt Ratschläge, wie man Brutpaare anlockt und das umliegende Land so bewirtschaften kann, dass die Vögel ausreichend Nahrung finden.

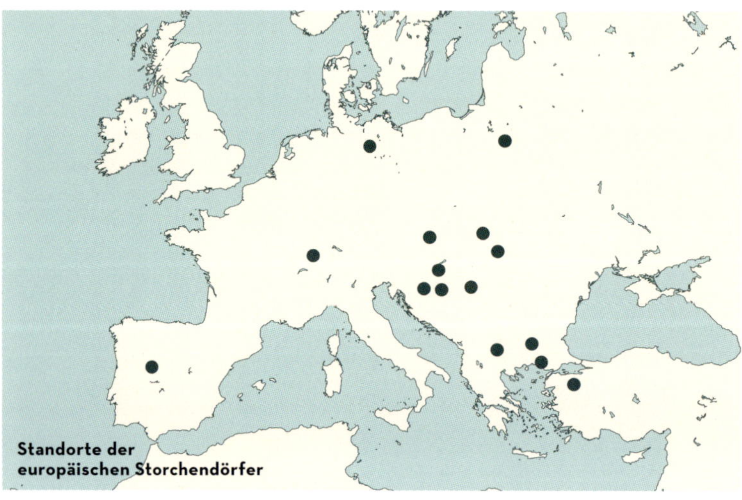
Standorte der europäischen Storchendörfer

Oben: Wenn die Infrastruktur stimmt, bilden Weißstörche dichte Brutkolonien, wie hier auf der Stiftskirche San Miguel in Alfaro, Spanien.

Linke Seite: Die Europäischen Storchendörfer bilden ein Netzwerk erstklassiger Nist- und Nahrungshabitate für Weißstörche quer durch Mittel- und Osteuropa.

Es ist kaum vorstellbar, dass irgendjemand ähnlich groß angelegte Maßnahmen zur Förderung von Möwenkolonien auf Dächern oder zugunsten einer städtischen „Müllhuhn"-Population ergreifen wird, aber Solidarität kann auch anders aussehen. Toleranz ist vielleicht der erste Schritt, und freundlich-alberne Ehrenbezeigungen wie die belgische „Europameisterschaft im Möwenkreischen", bei der talentierte Menschen um die besten Möwengeräusche wetteifern, oder der australische „Glare at Ibisses Day", der das zornige Niederstarren von Ibissen feiert, können die Stimmung gegenüber jenen Vögeln etwas auflockern, mit denen wir unsere Lebensräume teilen.

ARTENPROFIL

DIE FELSENTAUBE

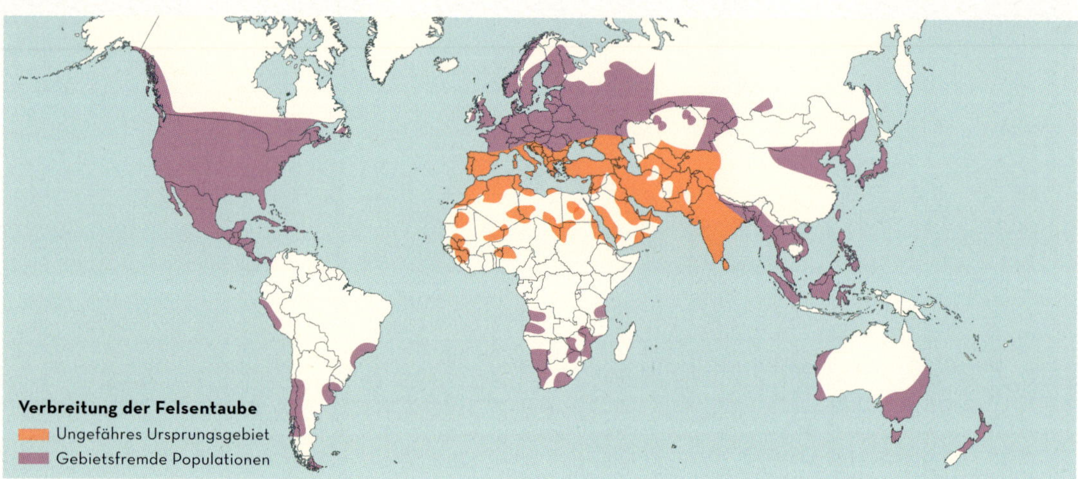

Tauben gehören in weiten Teilen der Welt zum Bild der Städte. Sie bilden Schwärme, um in Parks und in der Nähe von Touristenattraktionen nach Essensresten zu schnorren, und sind genauso gesellig und unbekümmert, was ihren persönlichen Raum angeht wie wir. Sie nisten in Kolonien auf Gebäuden, sind nicht aggressiv und können liebenswert zahm werden. Doch dabei produzieren sie riesige Mengen ätzenden Kots und polarisieren die Gemüter auf dramatische Weise. Aber woher kommen diese Tauben? Und warum ist ihr Gefieder so vielfältig, wo doch alle Vögel einer Art normalerweise ziemlich ähnlich aussehen?

Um diese Frage zu beantworten, begeben wir uns irgendwo in Eurasien oder Nordafrika zu einer einsamen Meeresklippe oder einem Felsen im Landesinneren. Mit etwas Glück finden wir dort eine Kolonie jenes Wildvogels, von dem alle Straßentauben der Welt abstammen – die Felsentaube. Auf Felsvorsprüngen und in -höhlen baut sie unordentliche Nester aus Stöcken, getrockneten Gräsern und Federn, nur wenige Meter vom Nachbarn entfernt. Obwohl in der Nähe der Nester auch ein wenig territoriales Gurren zu vernehmen ist, bewegen sich die Vögel abseits der Nester in dichten, homogenen Schwärmen, die sich als Einheit drehen und wenden, bevor sie sich zum Fressen an Stränden und auf Feldern niederlassen.

Die Felsentaube ist ein attraktiver grauer Vogel mit einem violett und grün schillernden Hals, einer doppelten schwarzen Flügelbinde und einem weißen Bürzel. Einige verwilderte Tauben sehen fast genauso aus wie diese Vögel, aber viele sind es nicht, denn die wilde Felsentaube wird seit etwa 5000 Jahren domestiziert. Ihre einfache Ernährungsweise, die enge Bindung an den Nistplatz und die Bereitschaft, in dichten Gruppen zu brüten, prädestinieren sie für eine lockere Art der Zähmung, und viele Haustauben fliegen völlig frei umher.

Obwohl die Vögel ursprünglich als Fleischquelle gehalten wurden, erfüllt die Haustaube bis heute auch noch viele andere Funktionen. Ihre hohe Fluggeschwindigkeit und ihr ausgeprägtes Heimfindeverhalten machten sie zum perfekten Nachrichtenübermittler in Kriegszeiten. Diese Eigenschaften sind auch der Grund dafür, dass Taubenrennen bis heute

Oben: Felsentauben sind kräftige Flieger und stark an ihre Brutplätze gebunden. Diese Eigenschaften werden auch bei zahmen Renn- und Brieftauben genutzt.

Unten: 1997 wurde der Taubenrennsport von einer Katastrophe heimgesucht, als man etwa 60 000 Vögel für ein Rennen in Frankreich freiließ. Nur eine Handvoll schaffte die Heimreise nach England. Es wird vermutet, dass der Überschallknall einer Concorde über dem Ärmelkanal die Vögel ihrer Orientierung beraubt hat.

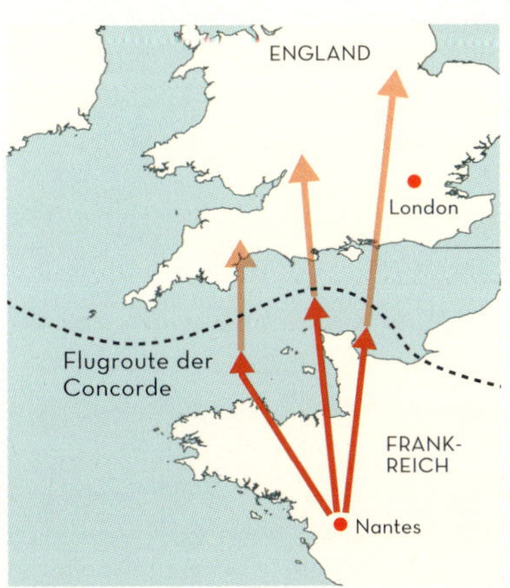

ein beliebter Sport sind, und die schnellsten Vögel für schwindelerregende Summen den Besitzer wechseln. Es wurden auch zahlreiche Ziertaubenrassen gezüchtet, und man setzt Tauben auch in der Wissenschaft ein – etwa zur Erforschung der Lernfähigkeit und Intelligenz von Vögeln, zur Überwachung der Luftreinheit und zum Aufspüren von Anomalien auf MRT-Bildern, um nur einige Beispiele zu nennen.

Sie sind die einzigen domestizierten Vögel, denen routinemäßig völlige Freiheit gewährt wird, im Vertrauen, dass sie aus eigenem Antrieb heimkehren. Dabei ist es jedoch unvermeidlich, dass einige Haustauben ausbleiben und verwildern. Viele davon schließen sich den großen, etablierten und blühenden städtischen Populationen an. Ihre Farbvariationen stammen aus dem riesigen Genpool, der über Jahrtausende der Gefangenschaft herangezüchtet wurde. Dabei neigt die natürliche Auslese dazu, weniger überlebensfähige Varianten auszumerzen. Dazu gehören die exzentrischen Flugstile der sogenannten „Roller“- und „Purzlertauben“ sowie „Pfau-“ und „Lockentauben“ mit ihrem gezierten Federkleid.

KOLONIEPROFIL

MATERA, ITALIEN

Matera ist eine bemerkenswert schöne und geschichtsträchtige Stadt – gelegen in einer Kalksteinschlucht am Fluss Gravina im zerklüfteten Südostzipfel Italiens. Der uralte, ummauerte Stadtteil Sassi di Matera ist Teil des UNESCO-Weltkulturerbes und zieht zahlreiche Touristen an. Sie kommen, um die schönen Kirchen und Klöster sowie die in den Kalksteinfelsen gehauenen menschlichen Behausungen zu bewundern. Seit einigen Jahren zieht die Stadt auch Vogelfreunde an und zwar dank eines ganz besonderen gefiederten Anwohners.

Der Rötelfalke ist ein kleiner Falke, der in Südeuropa und weiter im Osten vorkommt. Er ist nirgendwo besonders häufig anzutreffen, aber das kann man kaum glauben, wenn man Matera im Sommer besucht und ein Weilchen in den Himmel schaut. Die üblichen Stadtvögel Süditaliens sind alle zugegen: die Rauchschwalben, Haussperlinge und natürlich auch verwilderte Tauben, doch am häufigsten werden Sie den langschwänzigen und scharf geflügelten Rötelfalken sehen, wie er den blauen Mittelmeerhimmel durchschneidet. Die Männchen sind prächtig kastanienbraun und aschblau gefärbt, die Weibchen braunschwarz kariert. Wenn man sie auf den blassgolden leuchtenden Kalksteinmauern ruhen sieht, wirken sie, als wären sie schon immer in der Stadt gewesen. Die Einwohner der Stadt zeigen sich allgemein tolerant gegenüber den Vögeln, und manche empfangen sie sogar mit offenen Armen.

Ein Leben in der Kolonie ist selten unter Raubvögeln, doch für einige kleine Falkenarten funktioniert es gut. Diese jagen während der Brutzeit viele große Fluginsekten und nutzen bereits vorhandene sichere Vorsprünge und Höhlen als Nistplätze, anstatt selbst ein Nest zu bauen. Rötelfalken gehören zu den geselligsten davon. In ihren afrikanischen Winterquartieren kann man sie in großen Schwärmen beobachten, und in den Brutgebieten nisten sie manchmal nur 1 m voneinander entfernt. Diese Nähe kann dazu führen, dass Küken zwischen den Nestern wandern, und es scheint keine Sanktionen für diese Brutvermischung zu geben. Die Wanderküken werden zusammen mit den Nesthockern gefüttert, die Eltern machen keinen Unterschied zwischen den beiden. Allerdings besteht ein gewisser Wettbewerb um Nistplätze, wobei die am höchsten gelegenen am begehrtesten sind und meist von älteren, durchsetzungsfähigen Vögeln besetzt werden. Jungvögel, die zum ersten Mal brüten wollen, müssen entweder einen minderwertigeren Platz akzeptieren oder zu einer anderen Kolonie weiterziehen.

Noch vor einigen Jahrzehnten war die weltweite Rötelfalkenpopulation so klein, dass die Überbelegung eines Standorts nur selten zum Problem wurde. Inzwischen nimmt der Bestand jedoch weltweit zu, was auch aktiveren Schutzbemühungen an bestimmten Orten zu verdanken ist. In Spanien, wo der Großteil der Population brütet, ist der Bestand von schätzungsweise 8000 Paaren im Jahr 1994 auf fast 20 000 im Jahr 2010 gestiegen. Ihr Status auf der internationalen Roten Liste konnte deshalb von gefährdet auf nicht gefährdet zurückgestuft werden. Einer der wichtigsten Gründe für die Zunahme des

Oben: Sassi di Matera – ein Ort in Süditalien. Die Altstadt ist der beste Ort, um nach Rötelfalken Ausschau zu halten.

Unten: Ein männlicher Rötelfalke bringt nach einem erfolgreichen Jagdausflug in der nahen Umgebung Beute in sein Nest zurück.

Bestandes in Matera und einigen anderen Städten Südeuropas ist die Bereitstellung speziell angefertigter Nistkästen. In Matera werden sie den Einwohnern kostenlos zur Verfügung gestellt. Dadurch schuf man mehr Raum für Rötelfalken, und ihr Bruterfolg hat sich dadurch verbessert, da weniger Küken durch Stürze und an verwilderte Katzen verloren gehen. Diese zusätzlichen, sicheren Nistplätze trugen dazu bei, dass sich die Art besser etablieren konnte, und sie haben Öffentlichkeit erzeugt. Doch ein größeres Problem zeichnet sich ab: der anhaltend starke Rückgang der Insekten, auf die die Vögel angewiesen sind.

KAPITEL 9

GEHEIME GESELLSCHAFT

Es liegt auf der Hand, dass die meisten Vogelkolonien auffällig sind. Ein einzelnes Nest zu verstecken, mag noch relativ einfach sein, aber 100 Nester zu verstecken, die dicht nebeneinanderliegen müssen, ist nahezu unmöglich. Eine Kolonie braucht daher andere Strategien zum Selbstschutz, so wie unzugängliche Nistplätze oder eine besonders heftige und koordinierte Abwehrreaktion bei Bedrohungen. Es gibt jedoch auch einige in Kolonien lebende Vögel, die eher stille Gewohnheiten pflegen und solche, die sich von der koloniebildenden Lebensweise ihrer nahen Verwandten wieder verabschiedet haben, um sich neue Lebensräume zu erschließen.

Die Wacholderdrossel ist eine im nördlichen Eurasien verbreitete Drosselart. Dieser hübsche Vogel ist etwa 25 cm lang und hat ein schieferblaues und rotbraun bis pastellorange gefärbtes Gefieder. Wie die meisten Drosseln nistet sie in Bäumen oder Büschen, wo sie ein Napfnest aus kreisförmig verwobenen Zweigen und Gräsern mit verschiedenen weichen Materialien auskleidet. Das oft in eine Astgabel gebaute Nest sowie die Eier sind sehr gut getarnt, und es ist tief genug, dass der brütende Vogel fast ganz darin verschwindet. Es gibt viele Raubtiere, die es auf die Nester von Vögeln dieser Größe abgesehen haben, und Wacholderdrosseln haben mit Krähen, Eichhörnchen und Mardern zu kämpfen, um nur einige zu nennen. Daher ist es für sie sinnvoll, das Nest an einem unauffälligen Ort zu platzieren und sich in seiner Nähe diskret zu verhalten. Genau dieses Verhalten kann man bei den meisten Drosselarten beobachten.

Manchmal brüten Wacholderdrosseln aber auch in Kolonien. Die Nester, die sie dort bauen, sind deutlich auffälliger als ihre solitären Bauwerke. Dabei sind ihre Kolonien weder dicht noch groß, sodass sie keine offensichtliche Abschreckung durch zahlenmäßige Überlegenheit darstellen. Warum also sollte ein Wacholderdrosselpaar so dicht an anderen Paaren brüten, wenn die vielen nah beieinanderliegenden Nester eigentlich das Risiko erhöhen müssten, dass zumindest eines von Räubern entdeckt wird?

Die Wacholderdrossel ist ein relativ kleiner, nicht sehr wehrhaft und verletzlich wirkender Vogel, aber sie hat einen besonderen und sehr effektiven Verteidigungsmechanismus entwickelt: Jeder potenzielle Nesträuber wird mit lautstarken Sturzflugangriffen und einem großzügigen Bombardement aus Exkrementen bedrängt. Letzteres ist die wirksamste Waffe, auch wenn eine einzelne Wacholderdrossel nur begrenzt Munition mit sich führen kann. Daher funktioniert diese Verteidigung am besten, wenn die Nachbarn mitmachen, und zwar je mehr, desto besser. Massenangriffe dieser wütenden Vögel sollen so effektiv sein, dass sie eine marodierende Krähe vorübergehend flugunfähig machen können – allein durch das Gewicht und die Nässe der geballten Kotladung.

Seite 178: Wie Diamanten im Dunkeln nisten Feenseeschwalben in schattigen Bäumen. Auch wenn sie lockere Kolonien bilden können, bedingt die Wahl ihres Nistplatzes, dass sie nicht in dichten und lärmenden Gemeinschaften wie die meisten anderen Seeschwalben leben.

Linke Seite: Das Nest der Wacholderdrossel sitzt unauffällig in einer Baumgabel, doch wenn die Küken heranwachsen, können ihre Rufe unerwünschte Aufmerksamkeit auf sich ziehen.

Sonagramm des Alarmrufs der Wacholderdrossel

Der Alarmruf der Wacholderdrossel ist ein charakteristisches, schnelles und sehr hartes Schackern, das hier in Form eines Sonagramms dargestellt ist.

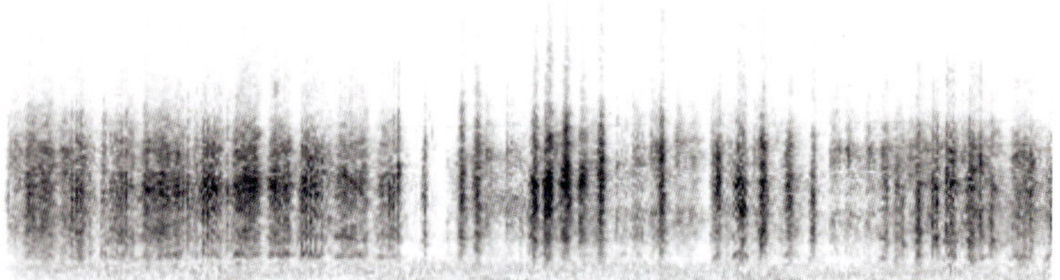

Studien, in denen Attrappen verschiedener Raubtiere in der Nähe von Wacholderdrosselnestern platziert wurden, haben ergeben, dass die Vögel auf verschiedene Bedrohungen unterschiedlich reagieren. So griffen sie das Modell einer Nebelkrähe äußerst heftig an, bei der Hermelinattrappe waren sie hingegen deutlich zurückhaltender. Dann verließen sie das Nest eher unauffällig und zogen ihren Geruch mit sich fort, ohne dessen Position zu verraten.

Dieses Verhalten deutet darauf hin, dass das Bespritzen mit Kot gegen Krähen weit effektiver wirkt als gegen Hermeline. Es verdeutlicht außerdem, dass Krähen die Nester auf Sicht finden, während Hermeline sie erschnuppern, und so bedarf es einer anderen Strategie, um die Wiesel zu überlisten. Diese Schlussfolgerung wird dadurch erhärtet, dass Wacholderdrosseln in Jahren, in denen die lokalen Bestände kleiner Nagetiere einbrechen, eher alleine als in Kolonien brüten. Wenn Wiesel weniger kleine Nager jagen können, gehen sie häufiger zu Vogelnestern als alternativer Nahrungsquelle über. Die Wacholderdrosseln ändern daher in jeder Brutsaison ihr Nistverhalten, um sich gegen die größten Gefahren des anstehenden Jahres bestmöglich zu wappnen. Wie sie die Informationen für diese Entscheidung sammeln, ist jedoch noch nicht bekannt.

Oben: Hermeline sind furchtlose Raubtiere und gute Kletterer, die eine starke Alarmreaktion hervorrufen.

Rechte Seite: Der heftige Verteidigungswille am Nest bleibt auch im Winter erhalten, wenn Wacholderdrosseln ein Nahrungsvorkommen gegen Artgenossen verteidigen.

DIE FLEDERMAUSARTIGEN VÖGEL

Der Nilflughund ist einer der wenigen Flughunde mit Biosonar.

Einer der sagenhaftesten und begehrtesten Koloniebrüter – zumindest unter wohlhabenden und global aktiven „Bird Listers“ (eine Art sportliche Vogelbeobachter) – stellt der Fettschwalm dar, der in den Regenwäldern Südamerikas sowie auf Trinidad und Tobago vorkommt – die einzige Art in seiner taxonomischen Familie und auch sonst in vielerlei Hinsicht ein echter Sonderling. Dieser Vogel ist mit den Nachtschwalben verwandt, einer Gruppe hervorragend getarnter Insektenjäger, die tagsüber schlafen und nach Einbruch der Dunkelheit auf leisen Flügeln wunderbar anmutig und flink nach Beute jagen. Wie die Nachtschwalben sind auch Fettschwalme nachtaktiv, aber während Erstere winzige Schnäbel und breite, behaarte Mäuler besitzen, um ihre Beute zu fangen, haben Fettschwalme einen großen, papageiähnlichen Hakenschnabel. Ihre großen Augen sind die lichtempfindlichsten aller Wirbeltiere – mit einer rekordverdächtig hohen Dichte von Lichtsinneszellen oder Stäbchen in der Netzhaut. Die Maulwinkel sind mit langen, haarähnlichen Tastfedern besetzt, und hinter großen Nasenlöchern sitzt ein gut entwickelter Geruchssinn.

All diese Eigenschaften ergeben einen nachtaktiven Vogel, der seine Nahrung sehend, riechend und tastend findet und wählt. Damit gleicht er eher einer fruchtfressenden Fledermaus als einem Vogel, und tatsächlich ist der Fettschwalm ein Fruchtfresser, dessen Ernährung sich ausschließlich auf die Früchte von Palmen-, Lorbeer- und Balsambaumgewächsen beschränkt. Diese Früchte enthalten sehr viel Fett, weshalb auch die Fettschwalme selbst einen hohen Fettgehalt haben. Vor allem die wohl genährten Küken wiegen etwa 25 % mehr als die Altvögel, wenn sie das Nest verlassen. Früher wurden die kugelrunden Fettschwalmküken gesammelt und ihres Fettes wegen ausgekocht, daher auch der Name der Art. Auch die wissenschaftlichen Familien- und Gattungsbezeichnungen Steatornithidae bzw. *Steatornis* weisen darauf hin und bedeuten „fette Vögel/fetter Vogel“.

Obwohl Fettschwalme nicht mehr wegen ihres Fettes getötet werden, gewann man durch diese Praxis Einsichten in ihre Brutgewohnheiten, dank derer nun Touristen die bizarre Art in ihren Kolonien besuchen und hautnah erleben können. Sie nisten in Höhlenkolonien mit teils Tausenden von Paaren. Dazu wählen sie meist Meereshöhlen oder Höhlen mit Flüssen aus, wahrscheinlich zum Schutz vor Raubtieren. Jedes Paar baut ein Nest aus Fruchtfleisch und eigenem Kot, das an einen Felsvorsprung geklebt wird und in dem die Eltern eine Brut von bis zu vier Küken aufziehen. Auch nicht brütende Erwachsene schlafen tagsüber meist auf einem Felsvorsprung in der Höhle, manchmal aber auch draußen in Bäumen.

Besucher der Höhlen können meist nur die Vögel in der Nähe des Ausgangs sehen, denn künstliches Licht und Fotografieren mit Blitzlicht sind normalerweise verboten, und das Innere der Höhlen ist sehr dunkel, dennoch fliegen die Fettschwalme mit Leichtigkeit in die Höhle hinein und darin umher. Sie bedienen sich dabei eines langsamen und agilen Flugstils, um sich gegenseitig auszuweichen und nicht gegen die Höhlenwände zu fliegen, wobei jeder problemlos sein eigenes Nest unter vielen anderen findet. Dies gelingt den Vögeln dank eines weiteren besonderen Talents, das sie den Fledermäusen noch ähnlicher macht – die Nutzung eines Biosonars. Dabei senden sie permanent hochfrequente Töne aus und reagieren auf die zurückgeworfenen Echos, um Hindernissen auszuweichen und Nahrung zu finden.

Insektenfressende Fledermausarten setzen eine hoch entwickelte Form der Echoortung ein, mit der sie in der Lage sind, mobile Beute in dunkler Nacht anzupeilen. Dank oft riesiger, gewundener Ohren und bizarr blattförmig gefalteter Nasen können sie Quietschlaute präzise erzeugen, ausrichten und die Echos besser auffangen. Im Vergleich dazu haben fruchtfressende Fledermäuse kleine Ohren und unkomplizierte Nasen. Die meisten von ihnen besitzen überhaupt keine Fähigkeit zur Echoortung, obwohl höhlenbewohnende Flughunde der Gattung *Rousettus* über ein einfaches Biosonar verfügen, mit dem sie sich in ihren dunklen Quartieren zurechtfinden. Diese Fledermäuse leben in den Tropen der Alten Welt. Den Fettschwalm könnte man als ihr ökologisches Äquivalent in der Neuen Welt bezeichnen.

Fettschwalme stoßen zur Echoortung kurze „Triller" aus klickenden Geräuschen aus. Diese gilt es von den heißeren Lauten zu unterscheiden, mit denen sie ihren Unmut signalisieren, wenn ein Artgenosse in ihre kleine, aber wichtige Privatsphäre eindringt. Untersuchungen ihres Echoortungsverhaltens zeigen, dass sie in hellen Mondnächten kürzere und leisere Rufe ausstoßen, vermutlich weil sie dann genug sehen können und somit weniger akkustische Details benötigen. Außerdem liegen die Frequenzen der Rufe deutlich über dem vermuteten optimalen Hörbereich der Vögel. Aus den Echos hoher Frequenzen lassen sich aber mehr Details herausfiltern, und vielleicht sind die Fettschwalme diesbezüglich eine Art evolutionären Kompromiss eingegangen. Ebenso ist es möglich, dass sie über ein besseres und anpassungsfähigeres Gehör verfügen, als bisherige Studien vermuten lassen.

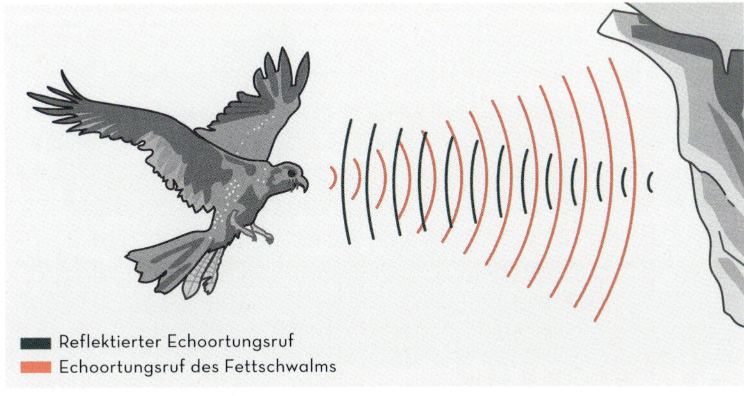

Rechts: Ein echoortender Fettschwalm ruft beständig, und die Schallwellen prallen als Echo von den Höhlenwänden zurück. So kann sich der Vogel in der Dunkelheit ein mentales Bild von seiner Umgebung erstellen.

Seite 186/187: Fettschwalme, die in ihrer Höhle fliegen und Echoortung nutzen, um sich zu orientieren und nicht gegen die Wände oder gegeneinander zu stoßen.

MEERES- ODER BAUMVOGEL?

Seevögel sind unter den koloniebrütenden Arten reichlich vertreten. Weil ihr Nistplatz räumlich weit entfernt von ihren oft weitläufigen Nahrungsgründen liegt, müssen sie rings um ihr Nest auch kein Revier verteidigen. So können sie die Vorteile des Zusammenlebens in der Gruppe voll auskosten.

Die Alkenvögel, die sich besonders schlecht an Land fortbewegen, gründen einige der größten Kolonien. Meist sind diese nur einen kurzen Flug vom offenen Meer entfernt. Doch es gibt auch Ausnahmen. Der Marmelalk ist mit einer Länge von nur 25 cm einer der kleinsten Alken. Er kommt im Nordpazifik vor und ist wie alle Alkenvögel ein ausgezeichneter Schwimmer und Taucher. Außerhalb der Brutzeit sieht man ihn oft in Gruppen, vor allem, wenn die Brutzeit naht. Dann findet die gemeinsame Balz statt, und Paare finden und binden sich. Was danach passierte war ein Rätsel, das erst kürzlich gelöst wurde.

Anstatt in Meeresnähe zu brüten, zieht es die Marmelalken ins Landesinnere, und anstatt dort auf Felswänden oder in Höhlen zu nisten, brüten sie in den Bäumen. Im Jahr 1974 fand ein Baumchirurg namens Hoyt Foster das erste dokumentierte aktive Nest oder genauer gesagt ein einsames Küken. Dieses hatte es sich in einem Moosbett auf dem Ast einer alten Douglasie bequem gemacht – in einem State Park (Staatspark) im kalifornischen Santa Cruz County. Heute weiß man, dass die meisten Marmelalken in weitgehend unberührten alten Primärwäldern entlang der Pazifikküste Nordamerikas nisten und zwar bis zu 80 km landeinwärts. Nur im nördlichsten Teil ihres Verbreitungsgebiets brüten sie am Boden, in Felsspalten oder unter der Vegetation.

Das Küken wächst also heran, ohne je das Meer zu sehen, zu hören oder zu riechen. Immerhin kann es das Meer schmecken, denn seine Eltern bringen ihm Jagdbeute von dort, und mit jeweils einem Fisch machen sie sich auf den langen Flug ins Landesinnere. Der kleine Marmelalk bleibt viel länger im Nest als die Küken vergleichbar großer Alkenvögel und verlässt es erst, wenn er groß und stark genug ist, um seinen Jungfernflug ganz bis zum Meer zu bewältigen.

Linke Seite: Oswald West State Park, Oregon – ein Brutgebiet für Marmelalken.

Unten links: Im Winter verbringt der Marmelalk seine Zeit auf dem Meer.

Unten rechts: Marmelalken verbringen den Winter auf dem Meer. Sie entfernen sich dann weiter von ihren Brutgebieten an der Pazifikküste Amerikas als im Sommer, wenn sie auf dem Meer nach Nahrung suchen.

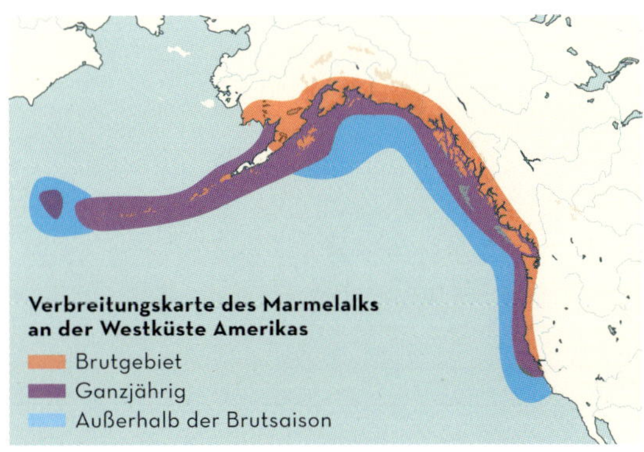

Marmelalken bilden keine dichten Kolonien wie andere Alkenvögel, denn in ihrem Bruthabitat liegen geeignete Astgabeln für Nester nicht unbedingt dicht an dicht beieinander. Außerdem birgt das Leben im Wald Gefahren, die in Küstennähe nicht vorkommen. Dazu gehören hauptsächlich krähenartige Nesträuber. Allerdings nisten sie manchmal dicht beieinander, und Gruppen von bis zu zwölf Vögeln wurden dabei beobachtet, wie sie über den Brutwäldern flogen. Vielleicht waren die Vögel durch eine Bedrohung aufgeschreckt worden, genau wie das gelegentlich bei den Massenflügen der Alken geschieht, die an der Küste brüten. Leider gilt dieser bemerkenswerte kleine Meeres- und Baumvogel derzeit als stark gefährdet. Schuld daran ist der Verlust seiner Nistwälder und die Abwertung seines Meereslebensraums durch Verschmutzung und Klimawandel.

Ein weiterer ungewöhnlicher Meeresvogel, der die Äste von Bäumen als Nistplatz nutzt, ohne jedoch ein Nest darin zu bauen, ist die Feenseeschwalbe. Dieser weiß gefiederte Vogel mit seinen großen dunklen Augen und dem schwarzem Schnabel brütet auf den Bäumen tropischer Pazifikinseln. Dort liegt sein einziges Ei auf einem nackten Ast – nicht einmal durch ein Moospolster geschützt. Dank seiner Höhenlage und des fehlenden Nistmaterials bleibt das „Nest" der Feenseeschwalbe von Parasiten verschont, die bei bodenbrütenden Seeschwalben zum ernsthaften Problem werden können. Der Preis dafür ist natürlich ein erhöhtes Risiko, dass Ei oder Küken ins Verderben stürzen. Zumindest das Küken hat sich jedoch gut an sein prekäres Dasein angepasst: Aus seinen großen Füßen wachsen Enterhakenkrallen, mit denen es sich an seinem Ast festklammern kann.

Feenseeschwalben sind deutlich weniger sozial als andere Seeschwalbenarten. Sie bilden fast nie Schwärme, es sei denn, sie wollen ein konzentriertes Nahrungsaufkommen ausnutzen oder, wenn sich ein besonders gefährlicher Raubvogel in der Nähe ihrer Nester aufhält. Das könnte etwa ein Festlandsraubvogel auf dem Durchzug sein. Dann schließen sich bis zu 100 Vögel von der ganzen Insel zusammen, um diesen zu vertreiben, was den Eindruck einer völlig koordinierten Kolonie erweckt. Sobald die Gefahr vorüber ist, kehren die Vögel jedoch zu ihrem eigenen Leben zurück.

Oben: Das schwer zu findende Nest des Marmelalks galt für US-Ornithologen viele Jahre lang als eine Art heiliger Gral.

Unten: Drohnen sind ideal, um Marmelalknester in hohen, dichten Wäldern aufzuspüren.

Rechte Seite: Jeder Fisch, mit dem ein Marmelalk seine Jungen füttert, muss über weite Strecken vom Wasser in den Wald getragen werden.

ARTENPROFIL

DIE WEISSNESTSALANGANE

Verbreitung der Weißnestsalangane in Südostasien

Vogelnestsuppe – das klingt nicht übermäßig appetitanregend, auch wenn viele Menschen vermuten, dass der Name nicht wörtlich gemeint ist und es sich um „Nester" aus Nudeln handelt, die in einer Schüssel mit Brühe schwimmen. Doch tatsächlich wird die Vogelnestsuppe aus echten Vogelnestern zubereitet, und diese sind nicht aus Zweigen, sondern aus Speichel gebaut. Wer von dieser chinesischen Delikatesse noch nichts gehört hat, dem läuft jetzt wahrscheinlich noch viel weniger das Wasser im Munde zusammen.

Die Nester, die in diese Suppe kommen, sehen aus wie winzige, starre Hängematten aus einem harten, weißen Material. Dieses löst sich in heißem Wasser vollständig auf, sodass eine gallertartige, klare Brühe entsteht, die außer einem Hauch von Meeresfrüchten und Salz nach wenig schmeckt. Sie wird wegen ihrer angeblich gesundheitsfördernden Eigenschaften geschätzt und ist nicht das einzige Lebensmittel, das man aus diesen eigentümlichen Speichelnestern herstellt, die auch für Gelees und Reisbrei verwendet werden.

Die Nester stammen aus verschiedenen Ländern Südostasiens, und der Hauptnestbauer ist *Aerodramus fuciphagus* – die Weißnestsalangane. Dieser kleine, dunkel gefärbte Vogel ist ein schneller langflügeliger Jäger, der tagsüber Insekten wie Fliegen, Wespen und Eintagsfliegen im Flug erbeutet. Zusammen mit mehreren anderen ähnlich aussehenden Salanganenarten jagt er über Wäldern und offenem Gelände im Tief- und Hochland und legt dabei große Entfernungen zurück. Dabei verpresst die Salangane in ihrem Kehlsack nach und nach Insekten zu einem Nahrungsballen, den sie dann an die ein oder zwei Küken verfüttert, die im Hängemattennest warten.

Da die Salanganen nicht imstande sind, auf dem Boden zu landen, um Nistmaterial zu sammeln, produzieren sie es selbst, und zwar in Form reichlich glibberigen Speichels. Ein Salanganenpaar braucht bis zu acht Wochen, um daraus ein Nest zu bauen. Den Speichel tragen die Vögel in Schichten auf, die übereinander antrocknen und sich zu einer stabilen Struktur verhärten, die an die Wände einer dunklen Höhle geklebt wird. Das Nest ist eines unter vielen, und die Salanganen bedienen sich der Echoortung, um ihren Weg durch die Dunkelheit und das chaotische Treiben am Nistplatz zu finden. Dazu stoßen sie

Oben: Das durchsichtige, aus getrockneten Speichelfäden gebaute Nest zerfällt bei der Zubereitung der Vogelnestsuppe zu einer gallertartigen Brühe.

Linke Seite: Dieser bemerkenswerte kleine Vogel und seine Nester sind in weiten Teilen Südostasiens bekannt. Die Nester gelten als Delikatesse.

einen rasselnden Ruf aus, der von den Höhlenwänden und anderen Artgenossen zurückgeworfen wird. Einer schnellen, instinktiven Interpretation dieser Echos folgend ändern die Salanganen ihre Flugrichtung, um sicher ans eigene Nest zurückzukehren.

Im Großen und Ganzen sind dunkle Höhlen sichere Nistplätze. Nur wenige Raubtiere betreten bereitwillig die heißen, finsteren, stechend riechenden und oft von Wasser umspülten Bruthöhlen der Salanganen, und je mehr Vögel den Raum nutzen, desto unangenehmer wird die Umgebung für alle anderen Lebewesen. Doch der Mensch kann diese Hindernisse mit der richtigen Ausrüstung überwinden. Auch Fledermaushöhlen werden schon seit langem ausgebeutet, wobei Menschen den Guano als wertvollen Dünger und die Fledermäuse selbst als Nahrung absammeln.

Die Nester der Salanganen erntet man ab, bevor sie ihre Eier hineinlegen, und lässt dann die Vögel in Ruhe, sodass sie ein zweites Nest bauen und darin ihre Brut aufziehen können. Danach wird auch dieses Nest eingesammelt. Die Nesternte ist eine gefährliche und knifflige Angelegenheit. Über hohe Bambusgerüste klettert man an die Nester heran, um sie dann mit delikaten Werkzeugen unbeschädigt von den Höhlenwänden abzunehmen. Um diese Prozedur zu vereinfachen, werden mittlerweile viele Nester aus speziell gebauten „Salanganenhäusern" gesammelt. Sie sind ein attraktiver Nistplatz für die Vögel und für die menschlichen Erntehelfer leicht zugänglich. Tonaufnahmen von Salanganenrufen locken eine Brutpopulation an. Die Häuser haben die Anzahl der für die Vögel verfügbaren Nistplätze stark erhöht.

Und der Aufwand macht sich bezahlt: Der Markt für Vogelnestsuppe hat einen Wert von etwa 5 Milliarden US-Dollar pro Jahr, wobei der größte Produzent Indonesien jährlich etwa 2000 t an Nestern exportiert – hauptsächlich nach Hongkong und in die USA. Weißnestsalanganen werden auch als Schädlingsbekämpfer geschätzt, da sie jedes Jahr massenhaft stechende und ernteschädigende Insekten vom Himmel holen. Daher gibt es eine starke Motivation, sich um diese Wildvögel zu kümmern und dafür zu sorgen, dass die Nesternte nachhaltig bleibt. Auch wenn diese besondere Form des „Nestraubs" Überstunden für die Salanganen bedeutet, gelingt es ihnen dennoch, jedes Jahr eine Brut aufzuziehen, und sie leiden nicht allzu sehr unter dieser Ausbeutung.

Linke Seite oben: In der Viking Cave in Thailand werden traditionell Salanganennester geerntet.

Linke Seite unten: Ein spezielles Salanganenhaus in Kambodscha regt die Vögel zum Nisten an und erleichtert das Einsammeln der Nester.

Oben: Eine Weißnestsalangane balanciert unsicher auf der winzigen, aber erstaunlich soliden Schale ihres Nests.

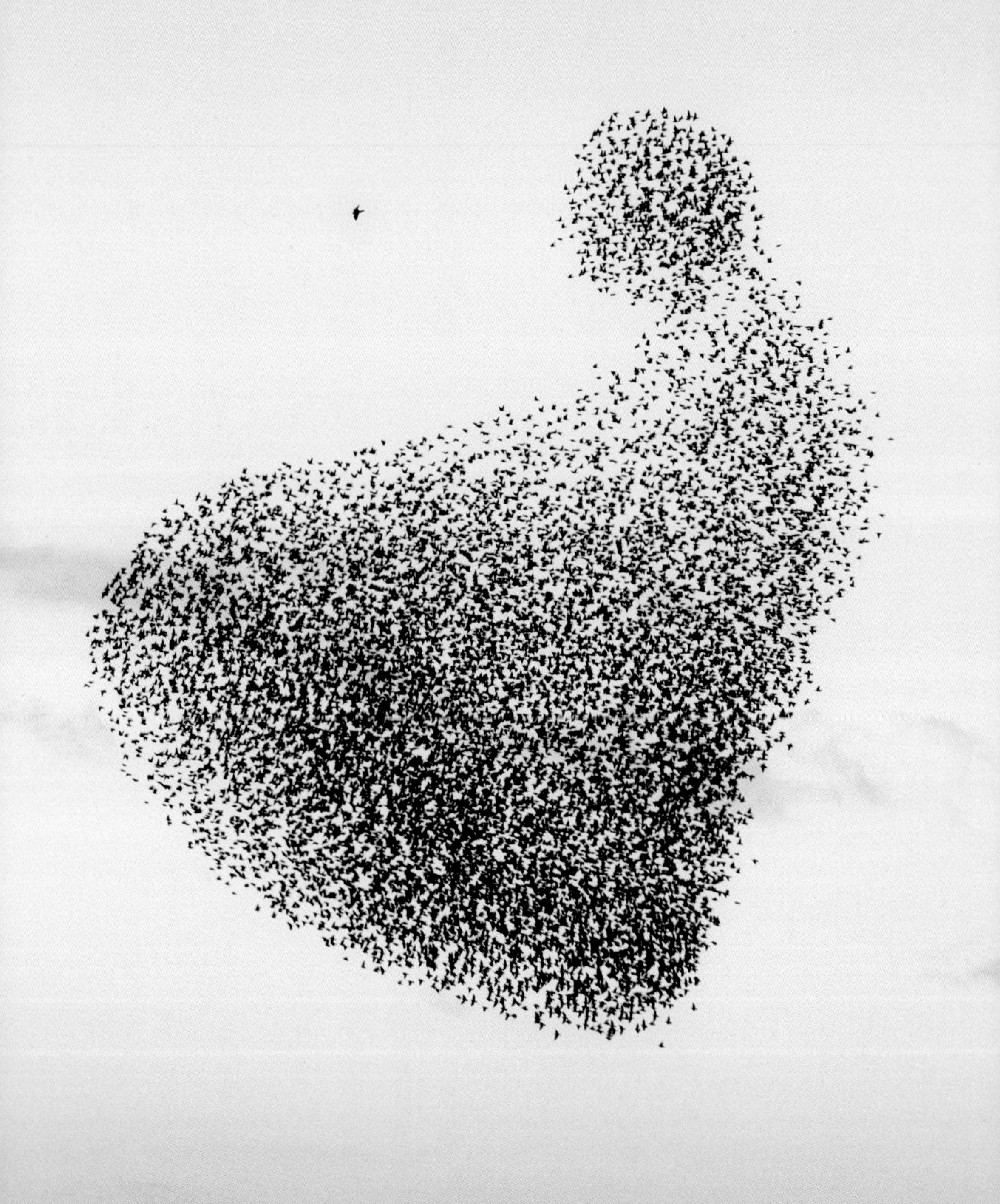

KAPITEL 9

MOBILE HEIMAT

Völlige lebenslange Einsamkeit kommt in der Natur nur selten vor und ist für Tiere, die sich sexuell fortpflanzen, auch nicht sinnvoll. Alle Vögel müssen sich zur Fortpflanzung mit Artgenossen treffen, auch wenn viele Arten keine Schwärme bilden oder keine dauerhaften Paarbindungen eingehen. Einige wenige Vögel haben sogar überhaupt keinen Kontakt zu ihren Küken. Dazu gehören Kuckucke, die ihre Eier in die Nester anderer Vögel legen, und Thermometerhühner, die ihre Eier über angehäuften verrottenden Pflanzen vergraben und das Ausbrüten dem Gärungsprozess überlassen. Die meisten Vögel sorgen sich jedoch um ihren Nachwuchs, sodass ein gewisses Maß an Geselligkeit genetisch angelegt ist. Doch für manche Arten gehört das Leben in der Gruppe immer fest dazu.

In der Regel halten wir Vögel, die in Kolonien brüten, für ausgesprochen sozial, doch was wir rings ums Nest beobachten, spiegelt nicht unbedingt ihr Verhalten in der übrigen Welt wider. Basstölpel beispielsweise nisten in dicht gepackten Kolonien auf Inseln und Klippen, und man kann oft beobachten, wie sie sich weit vor der Küste an guten Futterplätzen versammeln. Dort bringen sie dann regelrecht das Meer zum Kochen, wenn sie sich aus der Luft auf einen Fischschwarm stürzen. Man könnte glauben, dass diese Tölpel gemeinsam aus der Kolonie ausfliegen, jagen und wieder zurückkehren, und tatsächlich ist es nicht ungewöhnlich, Tölpel gruppenweise über das Meer fliegen zu sehen.

Wenn Basstölpel jedoch mit Satellitensendern ausgestattet werden, die ihre Bewegungen aufzeichnen, zeigen sich viel individuellere Verhaltensmuster. Jeder Tölpel verlässt die Kolonie auf seiner eigenen bevorzugten Flugroute. Fische ziehen bekanntermaßen in Schwärmen, und wenn ein Tölpel entdeckt, dass sich andere fischfressende Vögel an einem bestimmten Ort zusammenballen, schließt er sich ihnen an. Auch andere Signale wie Walaktivität und Gerüche locken vorbeiziehende Tölpel an, und bald versammeln sich viele von ihnen im jeweiligen Gebiet. Doch wie sie dorthin gelangen und wohin sie als Nächstes fliegen, entscheiden die Vögel individuell und nicht kollektiv.

Bei einigen Vögeln ist es genau umgekehrt, beispielsweise bei den Schwanzmeisen, zu denen die eurasische Schwanzmeise und die im Westen der USA und in Mittelamerika heimische Buschschwanzmeise gehören. Diese kleinen Vögel wirken umso charmanter, weil sie in eng verbundenen Schwärmen reisen. Nach der Aufzucht bleiben Jungvögel und Eltern zusammen, und Familien aus demselben Gebiet schließen sich zu noch größeren Verbänden zusammen. Die Vögel gehen gemeinsam auf Nahrungssuche, wobei ein ständiges Geplapper aus Stimmfühlungslauten dafür sorgt, dass kein Tier den Anschluss an die Gruppe verliert. Nachts schlafen alle gemeinsam – oft in einer Reihe. Dabei kuschelt sich jeder Vogel zwischen zwei andere, mit Ausnahme der Tiere an den Enden, die regelmäßig versuchen, sich in eine bessere Position in der Mitte zu zwängen. Zu Beginn

Seite 196: Die Formen, die Starenschwärme bilden, muten erhaben bis komisch an – hier fliegen sie als Pudelmütze.

Linke Seite oben: Konzentrierte Nahrungsvorkommen ziehen Massen von Vögeln an. Das kann zu Streit führen wie hier bei zwei Basstölpeln, die es auf denselben Fisch abgesehen haben.

Linke Seite unten: Schwanzmeisen trifft man nur selten außerhalb ihrer Familiengruppe.

der nächsten Brutsaison teilt sich der Schwarm in neue Paare auf, die sich jeweils ein eigenes Brutrevier suchen. Ein Brutpaar kann ledige Vögel als Nesthelfer akzeptieren, doch das gesellige Schwarmleben wird meist ausgesetzt, bis die nächste Kükengeneration flügge ist.

Die Instinkte, die Sozialität oder ihr Gegenteil außerhalb der Brutzeit fördern, unterscheiden sich von denen, die die Vögel zum Nisten zusammenbringen. Wenn es kein Nest zu verteidigen gibt, können sich die Tiere frei bewegen, und entdecken sie ein Raubtier, sind sie eher geneigt, sich zu verstecken oder zu fliehen, als es aggressiv anzugehen. Nicht brütende Vögel schließen sich nur dann gegen ein Raubtier zusammen, wenn dieses offensichtlich nicht auf der Jagd ist. So werden Waldvögel eine Eule bedrängen, die sie tagsüber beim Nickerchen an ihrem Schlafplatz überraschen.

Entdecken die kleinen Vögel ein gefährlicheres Raubtier wie beispielsweise eine jagende Katze, stoßen sie laute Alarmrufe aus, bleiben dabei aber in sicherer Entfernung. Diese Rufe alarmieren alle anderen Vögel der Umgebung, was dazu führen kann, dass die Katze leer ausgeht und anderswo jagen muss. Angesichts eines noch gefährlicheren Raubtiers wie einem Habicht oder Falken geben Singvögel keine schrillen Alarmrufe von sich, sondern stoßen weiche, schwer zu verortende Rufe aus. Alarm schlagen lohnt zwar noch immer, aber individuelle Sicherheit hat Vorrang!

Für einen Vogel, der nicht brütet, hat es verschiedene Vorteile, gesellig zu sein. In einer größeren Gruppe halten zusätzliche Augen und Ohren Ausschau nach Gefahren, und es ist auch weniger wahrscheinlich, das unglückselige Individuum zu sein, das von einem Raubtier ausgesucht wird. Bei sozialen Vögeln wie den Gänsen beobachtete man, dass sie beim Fressen in der Gruppe weniger angespannt sind. Es ist gesünder für die Vögel, wenn sie sich in Ruhe aufs Fressen konzentrieren können, anstatt immerzu ängstlich ihre Umgebung abzusuchen. Vor allem im Winter der gemäßigten Klimazonen haben sie die besten Chancen, lange und kalte Nächte zu überstehen, wenn sie die Möglichkeit haben, so viel Nahrung wie nur möglich aufzunehmen. Doch ein Schwarm bietet noch mehr Vorteile für nicht brütende Vögel. Bei der Nahrungssuche können sie von den Erfahrungen und Fähigkeiten der anderen profitieren, sich gegenseitig wärmen und haben Gelegenheit, potenzielle Brutpartner kennenzulernen.

Die Zugehörigkeit zu einer Gruppe muss auch nicht zur Vollzeitverpflichtung werden. Im Winter im südlichen Afrika beispielsweise bejagen verschiedene Weihenarten tagsüber allein das Grasland, doch bei Einbruch der Dunkelheit zieht es sie zu denselben Orten. Dort schlafen sie gemeinsam auf dem Boden und profitieren dabei von der Anwesenheit der Artgenossen, die Alarm schlagen, wenn ein Löwe oder ein anderes gefährliches Säugetier zu nahekommt. In der Morgendämmerung brechen sie gewöhnlich allein zur Jagd auf, doch wenn es darum geht, vielversprechende neue Nahrungsgründe auszuloten, lassen sie sich durchaus von den anderen inspirieren.

Rechte Seite oben: Kuckucke werden von kleinen Vögeln wie dem Wiesenpieper heftig bedrängt. Entweder halten sie den Kuckuck für einen Habicht oder identifizieren ihn korrekt als Brutparasiten.

Rechte Seite unten: Eine jagende Katze muss sich nicht nur vor dem Vogel verstecken, den sie fangen will. Jeder Vogel der Umgebung wird für alle anderen Alarm schlagen, wenn er sie sieht.

FÜR IMMER VEREINT

Wie wir gesehen haben, brüten viele Vögel in Paaren oder als Familien mit nur einem Elternteil. Sie verhalten sich Artgenossen gegenüber territorial, doch außerhalb der Brutzeit bilden sie gerne Gruppen. Andere wiederum brüten in Kolonien, aber außerhalb der Brutsaison gehen sie allein auf Nahrungssuche. Wenn sie sich an lohnenden Nahrungsgründen zusammenfinden, ist das Zufall. Die übrigen Arten unterteilen sich in solche, die das ganze Jahr über einzelgängerisch und territorial sind, und solche, die das ganze Jahr über und rund um die Uhr gesellig zusammenleben.

Wir haben bereits einige der Arten kennengelernt, wie beispielsweise die Saatkrähe, den Bienenfresser, den Siedelweber und die unglückselige Wandertaube, die auf ständige Gesellschaft angewiesen sind. Diese Arten haben häufig nahe Verwandte, die ein anderes Sozialverhalten aufweisen: So leben viele Webervögel nicht in Kolonien, genau wie die meisten anderen Tauben- und Krähenarten auch. Ähnliche Muster lassen sich ebenso bei anderen Tiergruppen beobachten. Löwen beispielsweise bilden eine außerordentlich starke Sozialstruktur und dauerhafte Familienbande. Ihre nächsten lebenden Verwandten hingegen, der Jaguar und der Leopard, sind einzelgängerisch, wenn man von Müttern mit noch abhängigen Jungen absieht. Sogar innerhalb unserer eigenen taxonomischen Familie gibt es Ausreißer. Wir Menschen und unsere Vettern, die Menschenaffen, leben von der Geburt bis zum Tod in engen Sozialverbänden – mit Ausnahme der drei Orang-Utan-Arten, die Einzelgänger sind.

Aus evolutionärer Sicht ist das Konzept einer zwingend erforderlichen Sozialität nicht neu. Einige der einfachsten mehrzelligen Tiere wie Schwämme und Staatsquallen, die eine enorm lange Evolutionsgeschichte haben, werden eher als Gemeinschaften kooperativ lebender Einzeller betrachtet.

Wenn wir uns durch die Äste des Stammbaums des Lebens bewegen, finden wir weitere Beispiele. Eusoziale Insekten aus der Ordnung der Hautflügler (Hymenoptera), zu der Bienen, Wespen und Ameisen gehören, bilden ausgeklügelte Gesellschaftsstrukturen, in denen sich die meisten Weibchen nie fortpflanzen. Stattdessen dienen sie ihr gesamtes Leben lang einer oder wenigen langlebigen, eierlegenden Königinnen, die zugleich die Mütter des gesamten Nests oder Bienenstocks sind. Ein ähnliches System kann man bei Termiten beobachten, obwohl hier ein „König" und eine „Königin" als Brutpaar das Sagen haben.

Eusozialität wurde auch bei einer Gattung Schwämme bewohnender Knallkrebse dokumentiert. Hier schützt eine Truppe Männchen eine einzelne brütende „Königin" sowie den Wohnschwamm der Kolonie, indem sie Eindringlinge mit synchronem Klauenschnappen vertreiben. Eine einfachere Form der Eusozialität findet sich beim Nacktmull, einem eigentümlichen, unterirdisch lebenden afrikanischen Nagetier.

Evolution ist der Prozess, durch den sich eine Abstammungslinie von Lebewesen besser an ihre Umwelt anpasst. Dies geschieht, indem eine

Linke Seite: Verwandte Tierarten neigen zu ähnlichem Sozialverhalten, doch es gibt Ausnahmen. Löwen (oben) stellen ein seltenes Beispiel für eine gesellige Katzenart dar, während der Orang-Utan (unten) deutlich weniger sozial ist als alle anderen Menschenaffenarten.

natürliche Auslese auf Variationen einwirkt, die durch zufällige Genmutationen entstanden sind. Sollten innerhalb einer Population zwei verschiedene Variationen auf unterschiedliche Art und Weise fürs Überleben vorteilhaft sein, teilt sich die Abstammungslinie auf, und es kommt zu einem Artbildungsereignis. Der Begriff „Ereignis" könnte den Eindruck erwecken, dass dies schnell geschieht. Wenn die Artbildung durch radikale Umweltveränderungen ausgelöst wird, vollzieht sie sich nach evolutionären Maßstäben wahrscheinlich auch relativ schnell. Allerdings handelt es sich immer noch um Tausende oder Millionen von Jahren. Die Abstammungslinien der Saatkrähe und ihres nächsten lebenden Verwandten, der extrem seltenen Hawaiikrähe oder 'Alala, haben sich beispielsweise vor weniger als 10 Millionen Jahren aufgespalten. Heute zeigt die Saatkrähe eine ausgeprägte permanente Sozialität, während die 'Alala in getrennten, territorialen Paaren brütet. Da sie in freier Wildbahn inzwischen ausgestorben ist, gibt es heute nicht mehr genügend Exemplare, um ihr natürliches Sozialverhalten gut zu verstehen. Historische Berichte deuten jedoch darauf hin, dass sie außerhalb der Brutzeit ein begrenztes Schwarmverhalten zeigte.

Welche natürlichen Selektionsfaktoren eine hohe Sozialität begünstigen, hängt von der Umgebung und den aktuellen Gewohnheiten der Art ab. Einige Faktoren treiben jedoch tendenziell die Entwicklung engerer sozialer Bindungen beständig voran. Dazu gehören geballt auftretende Futterquellen. Im Gegensatz zu gleichmäßig über einen Lebensraum verteilten Nahrungsvorkommen können solche schwer zu finden sein, doch einmal aufgespürt, stopfen sie viele Mäuler. Lückenhaft konzentrierte Nistgelegenheiten, die zusätzlich durch verschiedene Nesträuber bedroht werden, fördern enge Nachbarschaften beim Nestbau, was eine kollektive Verteidigung des Brutplatzes ermöglicht. Eine langsame Reifungsgeschwindigkeit ermöglicht es jungen Vögeln, Bruterfahrungen zu sammeln, bevor sie in der Lage sind, selbst zu brüten, was wiederum eine kooperative Aufzucht fördern kann. Auch die Zugehörigkeit zu einer Abstammungslinie, die bereits eine überdurchschnittliche Intelligenz und Anpassungsfähigkeit entwickelt hat, spielt eine Rolle, denn effektive soziale Interaktionen und Zusammenarbeit erfordern hohe Intelligenz.

Rechte Seite: Die Gattung *Corvus* umfasst Krähen und Raben. Dieses Diagramm zeigt die evolutionären Verbindungen zwischen einigen Corvusarten. Man beachte, dass die Hawaiikrähe eine „Schwesterart" der Saatkrähe ist.

Unten: Diese Hawaiikrähe oder 'Alala demonstriert ihre Intelligenz, indem sie einen Stock als Werkzeug benutzt, um in Baumlöchern nach Nahrung zu suchen.

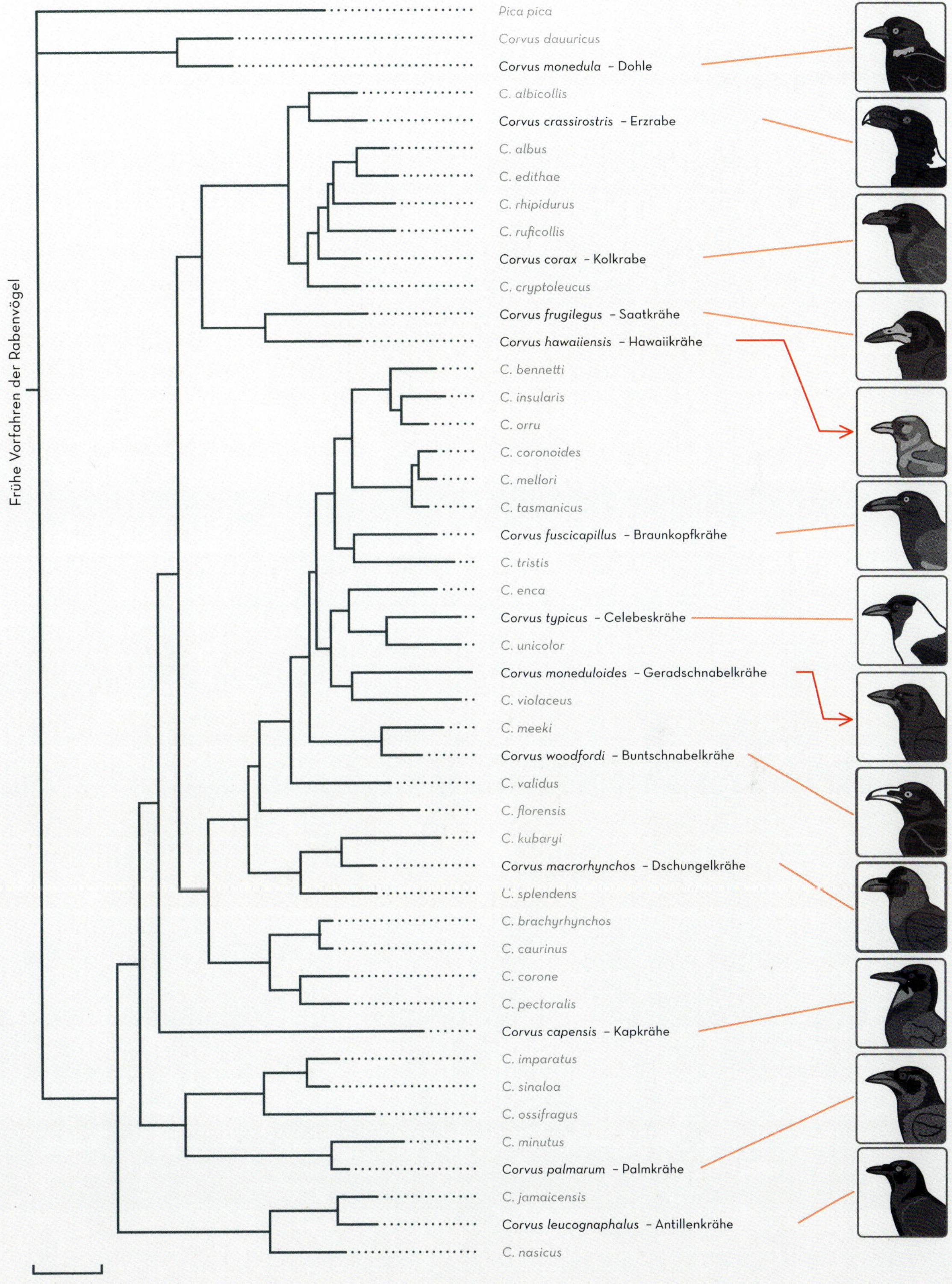

Evolutionäre Verbindungen einiger Corvusarten
Pica pica
Corvus dauuricus
Corvus monedula – Dohle
C. albicollis
Corvus crassirostris – Erzrabe
C. albus
C. edithae
C. rhipidurus
C. ruficollis
Corvus corax – Kolkrabe
C. cryptoleucus
Corvus frugilegus – Saatkrähe
Corvus hawaiiensis – Hawaiikrähe
C. bennetti
C. insularis
C. orru
C. coronoides
C. mellori
C. tasmanicus
Corvus fuscicapillus – Braunkopfkrähe
C. tristis
C. enca
Corvus typicus – Celebeskrähe
C. unicolor
Corvus moneduloides – Geradschnabelkrähe
C. violaceus
C. meeki
Corvus woodfordi – Buntschnabelkrähe
C. validus
C. florensis
C. kubaryi
Corvus macrorhynchos – Dschungelkrähe
C. splendens
C. brachyrhynchos
C. caurinus
C. corone
C. pectoralis
Corvus capensis – Kapkrähe
C. imparatus
C. sinaloa
C. ossifragus
C. minutus
Corvus palmarum – Palmkrähe
C. jamaicensis
Corvus leucognaphalus – Antillenkrähe
C. nasicus
Frühe Vorfahren der Rabenvögel
0,02 Millionen Jahre

GEFIEDERTE FREUNDE

In der Morgendämmerung steigen im ländlichen Kenia Hunderte von Geierperlhühnern von ihren Schlafplätzen im Geäst der Bäume herab, um über die trockene Savanne zu traben. Unterwegs zerstreuen sie sich und teilen sich in unterschiedlich große Gruppen auf, manche ein Dutzend, andere 20 – 30 Tiere stark. Die eigenartig aussehenden Vögel sind fast 70 cm hoch, ihre runden, plumpen Körper mit tiefblauen Federn gestreift und die Flügel sowie die baumelnden Schwanzfedern grau. Der Hals ist lang und dünn, und an der Basis wabert eine Krause aus langen weißen Federn. Am oberen Ende sitzt ein kleiner, faltig-kahler Kopf mit Hakenschnabel, welcher der Art ein geierhaftes Aussehen verleiht.

In diesem seltsamen kleinen Kopf scheint es wenig Platz für Hirnschmalz zu geben, und auch die großen orangefarbenen Augen blitzen nicht gerade vor Intelligenz. Dennoch bilden die Tiere keine beliebigen Gruppen, und Tag für Tag, Woche für Woche bleiben dieselben Vögel in denselben Gruppen zusammen. Wenn sich zwei Gruppen vom gleichen Schlafplatz treffen, erkennen sie sich gegenseitig und interagieren friedlich miteinander. Auch wenn sie etwas Gefährliches vorhaben, schließen sie

Bei den Geierperlhühnern sind die sozialen Bindungen in der Gruppe tiefgehend, stabil und beständig.

sich manchmal zusammen. So gehen sie gemeinsam zum Fluss, um zu trinken, denn dort müssen sie ganz besonders scharf nach Raubtieren Ausschau halten.

Zahlreiche Tiere machen Jagd auf Perlhühner, deshalb sind sie auf gegenseitige Wachsamkeit und Alarmbereitschaft angewiesen. Weil es jedoch viel Energie kostet, vor einer Gefahr davonzulaufen oder gar zu fliegen, müssen sie sich darauf verlassen können, dass niemand in der Gruppe falschen Alarm schlägt. Für diese Vögel ist es deshalb nicht nur vorteilhaft, gesellig zu sein, es scheint auch bedeutsam zu sein, mit wem sie sich zusammenschließen, auf dass langfristig tiefe Vertrautheit und Beständigkeit wachsen können.

Das Geierperlhuhn scheint die Kriterien für ein komplexes Gesellschaftsleben in zweierlei Hinsicht zu erfüllen. Es tritt regelmäßig und in verschiedenen Situationen mit denselben Individuen in Beziehung und geht unterschiedlich enge Bindungen mit verschiedenen Artgenossen ein. Ein Perlhuhn erkennt nicht nur alle Individuen vom Schlafplatz wieder, sondern erinnert sich auch, wer eine flüchtige Bekanntschaft und wer ein enger Freund ist. Das Konzept der Freundschaft bei Tieren wird von Biologen erst seit Kurzem ernsthaft untersucht. Man könnte glauben, dass dauerhafte Bindungen, die zwischen zwei Individuen und jenseits einer

Brutpartnerschaft entstehen, den Affen, Delfinen und vielleicht noch den Raben vorbehalten sind – also den Tieren, die wir für am klügsten und damit uns am ähnlichsten halten. Es zeichnet sich jedoch ab, dass auch so unterschiedliche Tiere wie Hauskühe, Vampirfledermäuse, Riffbarsche und Perlhühner den Wert eines guten Freundes zu schätzen wissen.

Doch was wird aus den Freundschaften der Perlhühner, wenn sie zur Fortpflanzung bereit sind? Außerhalb der Brutsaison sind diese Vögel sehr reisefreudig. Sie legen auf der Suche nach Nahrung, Wasser und guten Schlafplätzen täglich etwa 15 km in engen Sozialverbänden zurück. Zum Nisten müssen sie jedoch an einem Ort bleiben, und die Gruppen teilen sich dann in Paare auf. Diese nisten nicht in einer engen Kolonie, sondern pflegen stattdessen einen lockeren Umgang. Nach dem Brüten bilden sich die alten Gruppen erneut, jetzt vielleicht um einige Jungvögel reicher. Wenn eine solche dadurch zu groß wird, zieht der Nachwuchs in kleinere Gruppen um, während die Erwachsenen bei ihren langjährigen Gefährten bleiben. Diese Bindungen haben über Zeit und Raum Bestand, und selbst wenn wir ihren Sinn und Zweck noch nicht im Detail verstehen, so laufen Perlhuhn- und Menschenfreundschaften wahrscheinlich auf dasselbe hinaus: Die Herausforderungen des Lebens lassen sich besser an der Seite derer meistern, die man gut kennt und denen man vertraut.

Bei den Geierperlhühnern neigen die jeweils kleinsten und größten Gruppen dazu, weniger Küken pro Nest zu produzieren und entsprechend kleinere Streifgebiete zu besetzen. Die optimale Gruppengröße liegt zwischen 33 und 37 erwachsenen Vögeln.

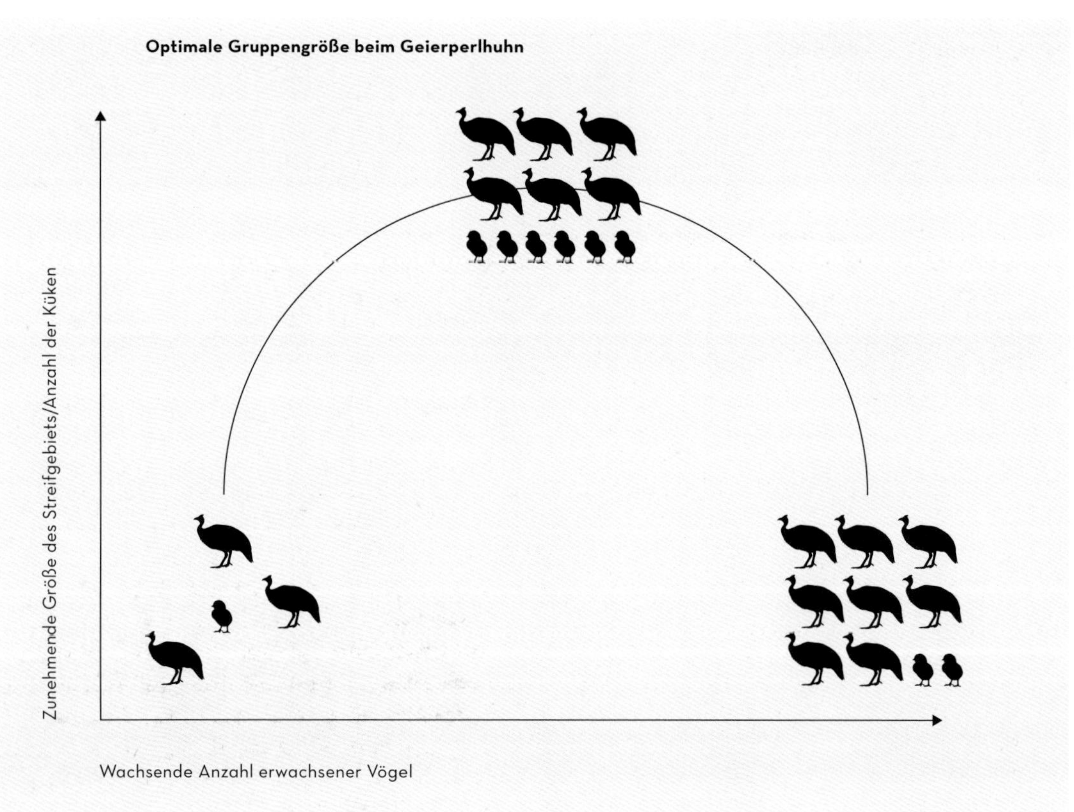

Ein farbenfrohes Gefieder hilft, ein Weibchen zu gewinnen, aber für den männlichen Lanzettschwanzpipra ist auch sehr hilfreich, wenn er einen „Flügelmann" hat.

Eines der eindrücklichsten Beispiele für natürliche Allianzen in der Vogelwelt ist der Lanzettschwanzpipra, ein kleiner Singvogel, der in Mittel- und Südamerika heimisch ist. Während der Brautwerbung tun sich zwei farbenprächtige Männchen zusammen und führen eine Art synchronisierten Paartanz auf, um das Weibchen zu beeindrucken. Gemeinsam hüpfen sie auf einem Ast entlang, wobei ein Vogel in einer Art verführerischen Bockspringens geschickt über den anderen setzt. Es ist jedoch kein Wettbewerb und deshalb nicht vergleichbar mit der Balz von Moorhühnern oder Kampfläufern, bei der die Männchen paradieren, posieren und kämpfen, bis nur der Sieger ein Weibchen erobert.

Sobald das Weibchen auf die Mühen der beiden Tanzpartner anspricht, entfernt sich stets dasselbe Männchen taktvoll, während sich das andere paart. Da die Männchen nicht miteinander verwandt sind, stellt das auch kein Beispiel dafür dar, wie ein „Beta"-Vogel sozusagen indirekt durch den „Alpha" seine gemeinsamen Gene weitergibt. Vielmehr scheint es, als ob der meist jüngere Beta dem älteren Alpha-Vogel als Lehrling dient. Durch diese Zusammenarbeit sammeln die Betas langsam Erfahrung, bis sie schließlich selbst zu Alphas werden. Dies geschieht jedoch nicht immer unmittelbar und automatisch. Wenn das Alphatier stirbt oder weiterzieht, wird sein Beta-Vogel wahrscheinlich kurzfristig wieder zum Beta eines anderen Männchens. Es geht also weniger darum, die Nachfolge des Vorgängers anzutreten, als darum, die volle Lehrzeit zu absolvieren.

SPALTUNG UND FUSION

Die Begriffe Spaltung (Fission) und Fusion werden in der Physik verwendet, um die Aufspaltung bzw. Verschmelzung von Atomkernen zu beschreiben. Beide Prozesse sind bekannt dafür, dass sie enorme und unkontrollierbare Energiemengen freisetzen. Es ist vielleicht überraschend, aber die Fusion ist der potentere der beiden Prozesse. Die Fusion von Wasserstoffatomen zu Helium lässt unsere Sonne hell brennen und erzeugt das Licht und die Wärme, die für alles Leben auf der Erde Voraussetzung sind. Es ist ein wenig rätselhaft, warum gerade diese mit elementarer Gewalt belegten Worte zur Beschreibung tierischen Sozialverhaltens herangezogen wurden. Doch man spricht tatsächlich von Spaltung und Fusion, um zu beschreiben, wie Vögel eine soziale Gruppe verlassen und sich zu einem anderen Zeitpunkt einer anderen anschließen. Definitionsgemäß bedeutet ein Fission-Fusion-System, dass die Gruppenzugehörigkeit zeitlich und räumlich instabil ist. Allerdings gibt es erhebliche Unterschiede in Bezug darauf, wie weit diese Instabilität reicht.

Das Geierperlhuhn stellt ein seltenes Beispiel für ein soziales System ohne Spaltung und Fusion dar, da jedes Individuum über Monate und Jahre hinweg konsequent der gleichen Gruppe treu bleibt. Bei den verschiedenen Küstenvogelarten, die außerhalb der Brutsaison bei Ebbe in großen Schwärmen entlang der Küste auf Nahrungssuche gehen und bei Flut woanders übernachten, beobachtet man genau das Gegenteil. Ihre Sozialstruktur ist sehr fließend, und es kommt ständig und schnell zu Spaltungen und Fusionen, ohne dass sich stabile Gruppen herausbilden.

Für Vögel, die außerhalb der Brutzeit im Verband leben, gibt es eine Gruppengröße mit optimalem Kosten-Nutzen-Verhältnis. Diese ist nicht stabil, sondern variiert zeit- und ortsabhängig. Wenn beispielsweise die Seidenschwänze im Herbst in Westeuropa eintreffen, bilden sie oft sehr große Schwärme, die auf der Suche nach beerentragenden Bäumen umherziehen. Zu Beginn des Winters stehen reichlich davon zur Auswahl, und jeder Vogel profitiert davon, Teil eines großen Schwarms zu sein.

Später im Winter erschöpfen sich jedoch die Beerenvorräte. Jeder Baumbestand, den der Schwarm findet, kann bereits stark abgefressen sein, und nicht alle Vögel im Schwarm bekommen etwas ab. Unter diesem Druck schrumpft die optimale Gruppengröße. In jeder Gruppe, die deutlich größer oder kleiner als das situationsbedingte Optimum ist, überwiegen die Kosten die Vorteile der Zugehörigkeit. Damit erhöht sich die Wahrscheinlichkeit einer Spaltung oder Fusion. Bei einer zu kleinen Gruppe kann die unzureichende Wachsamkeit gegenüber Raubtieren zum größten Problem werden. Ist die Gruppe zu groß, reichen die gefundenen Nahrungsvorkommen möglicherweise wie bei den beerenvertilgenden Seidenschwänzen nicht für alle aus.

Diese Kosten werden von allen Mitgliedern der Gruppe getragen, wenn auch nicht gleichermaßen. Selbst in kurzlebigen und instabilen Verbänden gibt es in der Regel eine Dominanzhierarchie, bei der die ranghöchsten

Grade der Spaltung und Fusion in sozialen Gruppen

Die Spaltungs- und Fusionsdynamik beschreibt, wie sich soziale Gruppen bilden, auflösen und neu formieren, indem Individuen oder kleine Gruppen zwischen größeren wechseln. Wie stabil eine Gruppe im Laufe der Zeit bleibt, variiert stark, sowohl zwischen verschiedenen Vogelarten als auch innerhalb derselben Art je nach Jahreszeit oder Umgebung. Studien über Spaltung und Fusion haben gezeigt, dass die sozialen Beziehungen der Vögel oft hierarchisch gegliedert sind. Es gibt „enge Freunde", die sich in der Regel immer zusammenschließen, und entfernte Bekannte, die sich eher sporadisch in derselben Gruppe finden.

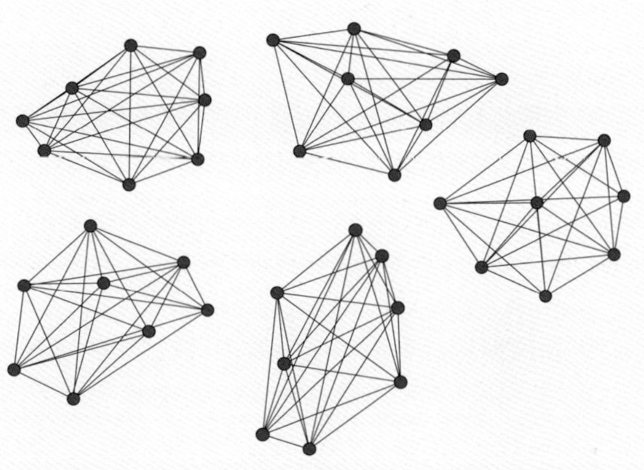

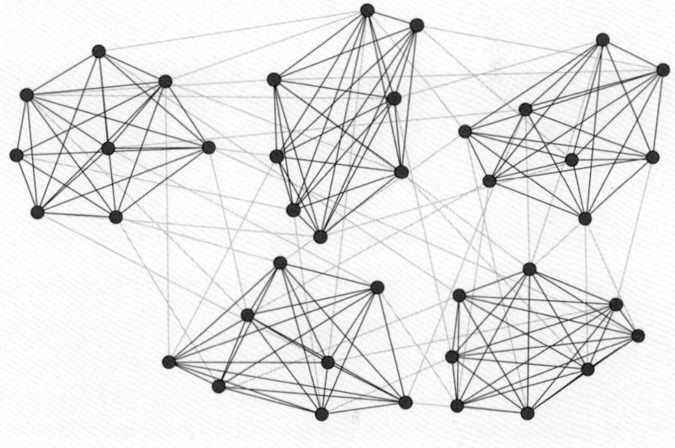

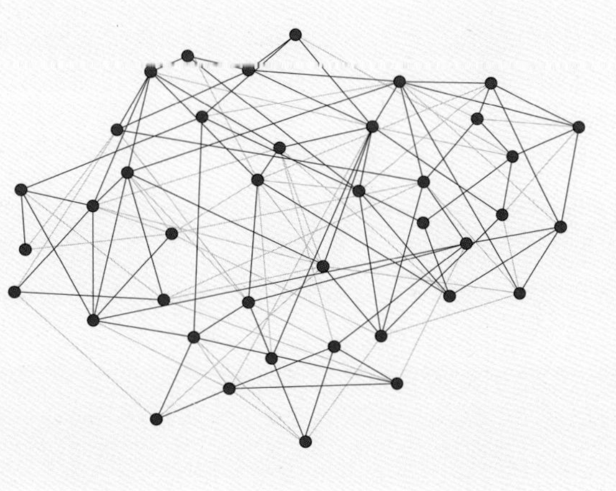

Vögel beiderlei Geschlechts die besten Konditionen erhalten. Dazu gehört, dass sie die zentralste Position im Gemeinschaftsschlafplatz einnehmen, und die am höchsten gelegene, wenn dieser in einem Baum liegt. Dabei können rangniedere Vögel auf den unteren Plätzen buchstäblich die Angekackten sein. Dominante Vögel haben meist auch privilegierten Zugang zu Nahrung und anderen Ressourcen, und mehr Zeit, sich auf diese Dinge zu konzentrieren, anstatt nach Gefahren Ausschau zu halten, wie es rangniedere Artgenossen tun müssen.

Wenn nötig, werden Dominanzhierarchien durch kleinere Scharmützel aufrechterhalten, doch viele Vögel tragen sogenannte „ehrliche Signale" ihrer Gesundheit und Fitness zur Schau, die sich in Dominanz und Attraktivität für potenzielle Partner übersetzen lassen. In einem Schwarm von Haussperlingen beispielsweise, ist das Männchen mit dem größten schwarzen Halslätzchen am dominantesten. Studien haben gezeigt, dass solche mit größeren Lätzchen stärker sind und beispielsweise weniger Parasiten haben als ihre Artgenossen mit kleineren. Dazu kommt ein Verwandtschafts- und Vertrautheitseffekt ins Spiel: Vögel, die eine Verwandtschaft mit dominanten Individuen aufweisen oder schon lange mit diesen verkehren, nehmen tendenziell einen höheren Rang in der Hierarchie ein.

Wenn ein Vogel eine Gruppe verlässt oder sich einer neuen anschließt, wird seine Entscheidung nicht nur von der Gruppengröße beeinflusst, sondern auch von seinem tatsächlichen oder erhofften Status in dieser. Auch die künftige Partnerwahl spielt eine Rolle. Ein Verband außerhalb der Brutgruppe kann eine ideale Auswahl nicht verwandter potenzieller Brutpartner bieten. Deshalb ist es wahrscheinlicher, dass jüngere Vögel mit niedrigerem Rang ihren Verband verlassen, um in einer neuen Gruppe von vorne zu beginnen. Schließlich haben sie wenig zu verlieren und viel zu gewinnen.

Bei der Spaltungs- und Fusionsdynamik geht es aber nicht nur um individuelle Entscheidungen. Manchmal spaltet sich ein großer Verband in zwei oder mehrere kleinere Gruppen auf, oder eine kleine trennt sich vom Hauptverband. Nicht selten bleiben kleine Zirkel von Vögeln auch dann beisammen, wenn sie zwischen mehreren größeren Gruppen wechseln. Wir haben gesehen, dass enge Vertrautheit zwischen Individuen meist eine gute Sache ist, und ein „Minibund" bringt viele Vorteile. Allerdings kann er dennoch auf eine größere Gruppe angewiesen sein, um optimal zu funktionieren. Es gibt auch Hinweise darauf, dass Persönlichkeitsmerkmale, die nichts mit Dominanzhierarchien zu tun haben, beeinflussen können, ob ein Vogel langfristig bei derselben Gruppe bleibt oder nicht. So könnte es eine Rolle spielen, wie sehr es ihn danach drängt, unbekannte Objekte oder Orte zu erkunden.

Linke Seite: Rangordnungskämpfe zwischen männlichen Haussperlingen enden meist zugunsten des Vogels mit dem größeren Halslätzchen. Ernst wird es dabei selten, da die Größe des Lätzchens ein ehrliches Signal für Gesundheit und Kraft darstellt.

ARTENPROFIL

DER STAR

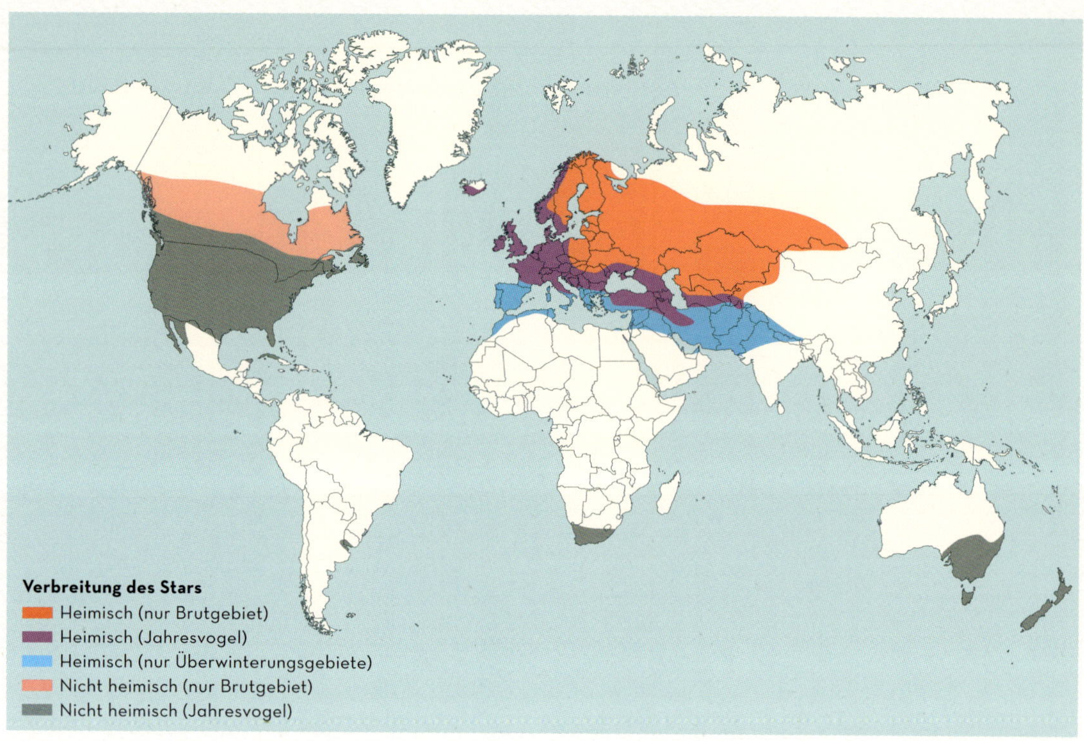

Manche Vögel hinterlassen einen starken ersten Eindruck, sei es durch ihre Schönheit, ihre Schnelligkeit oder durch schiere Eigenart. Andere entfalten ihren Zauber eher diskret, und der Star gehört eindeutig zur letzten Kategorie. Allerdings wird ihm in Ländern außerhalb seines ursprünglichen eurasischen Verbreitungsgebiets, wo er sich als invasive, gebietsfremde Art etabliert hat, auch mit intensiver Abneigung begegnet. Dieser kompakte, robuste kleine Vogel fühlt sich in der Nähe menschlicher Behausungen am wohlsten. Dort stolziert er auf kräftigen rosafarbenen Beinen und in eher fadschwärzlichem Gefieder durch die Gärten und gibt einen wenig schmeichelhaften, rasselnden Krächzgesang von sich. Dazu tritt er meist gleich hordenweise auf, allzeit bereit, andere Vögel zu schikanieren und mit spitzem Schnabel den englischen Rasen aufzustochern.

Wer jedoch zweimal hinsieht, wird eine ganz besondere Schönheit entdecken. Im Sonnenlicht schillert das Gefieder des Stars grün und violett, und nach der Herbstmauser erscheint er weiß gesprenkelt und wie von Sternen übersät. Sein Gesang hat zwar schräge Momente, doch er ist einfallsreich und energisch, und wenn Sie genau hinhören, werden Sie feststellen, dass perfekte Imitationen anderer einheimischer Vögel darin auftauchen. Und was das Auftreten in Horden angeht, so macht gerade seine Geselligkeit den Star zu einem wahrhaft zauberhaften Vogel.

Oben: Der Star ist ein attraktiv anzusehender Vogel, sowohl einzeln, als auch, wenn er im Schwarm fliegt.

Linke Seite: In seinem Heimatgebiet in der Alten Welt ist der Star ein Teilzieher. Im nordamerikanischen Verbreitungsgebiet – hier eigentlich nicht heimisch – zeigt er ein ähnliches Verhalten, doch die weiter südlich eingeführten Populationen verhalten sich anders.

Stare sind das ganze Jahr über sozial. Sie nisten zum Teil in Kolonien, wobei die Nähe der Paare zueinander eher von der Verfügbarkeit geeigneter Nisthöhlen begrenzt wird als durch eine Abneigung, eng aufeinander zu leben. Nur die unmittelbare Umgebung des Nestes verteidigen sie gegen Eindringlinge. Deshalb sind einige der weniger netten kolonietypischen Verhaltensweisen, die wir andernorts beobachten, unter Staren ziemlich weitverbreitet. Dazu gehören regelmäßiges Unterjubeln von Eiern, Affären außerhalb der Paarbeziehung, Partnertausch und Kindstötung.

Wenn die jungen Stare flügge sind, bilden sie in der Regel Schwärme, um die nähere Umgebung zu erkunden und die Welt kennenzulernen. Ihre Eltern beginnen unterdessen eine zweite Brut. Danach gesellen sich die neuen Jungen und die Eltern zu den Schwärmen, und wenn der Winter naht, lässt sich das wunderbarste und geheimnisvollste Phänomen beobachten: der Formationsflug der Stare.

Die atemberaubenden Manöver großer Starenschwärme gegen die Abenddämmerung sind ein hypnotisches Erlebnis. In enger Formation fliegen sie dann fantastische Gebilde: ein Wirbel wie aus schwarzem Rauch, der sich schraubt und dehnt, dann aufsteigt und in sich selbst zusammenbricht, ein Tanz unglaublicher, sich rasant entfaltender Muster und Formen, die aber stets zusammenhalten. Wer nahe genug dran ist, kann ihre Stimmen und das erhebende Rauschen tausender Flügel hören, die geeint schlagen. Dann, wie auf ein unausgesprochenes Signal hin, fallen die Vögel vom Himmel auf ihre Schlafplätze nieder. Das kann oft ein Röhricht, aber auch ein großes, leer stehendes Gebäude sein. Hauptsache es bietet ausreichend viele Sitzwarten und einen gewissen Schutz.

Der ehrfurchtgebietende Formationsflug der Stare wirft Fragen auf. Warum tun sie das und wie? Die erste Frage lässt sich vielleicht beantworten, wenn man sich den Rand des fliegenden Schwarms genau ansieht. Dort findet man häufig einen anderen Vogel, der größer und bedrohlicher wirkt als ein Star. Die riesigen Ansammlungen ziehen oft Raubvögel wie Sperber und Wanderfalken an, die sich vor dem Schlafengehen noch einen Bissen ergattern wollen. Wenn sich die Stare einzeln und direkt in ihre Schlafplätze begäben, wären sie ein leichtes Ziel. Schließen sie sich aber zu einer einzigen gigantischen, mobilen Masse zusammen, wird es schwierig, einzelne Exemplare zu verfolgen. Die Gegenwart der Raubvögel regt den Starenschwarm zu immer schnelleren und dramatischeren Manövern an, wobei sich die geschicktesten und dominantesten Tiere im Zentrum des Schwarms aufhalten, wo es am sichersten ist.

Die Frage, wie sich Stare dermaßen schnell synchron bewegen, ist schwieriger zu beantworten. Ein einzelner Vogel hat weder die Zeit noch die Möglichkeit, die Führung zu übernehmen und Anweisungen zu erteilen. Die Formationen der Vögel ändern sich permanent und unvorhersehbar, und es gibt keine festen Muster, die sie lernen und einstudieren könnten. Unsere derzeit beste Erklärung ist, dass es sich um einen einfachen Rückkoppelungsprozess handelt. Ein Vogel ändert den Kurs, oft als Reaktion auf einen Greifvogel, und diejenigen, die ihm am nächsten sind, ändern ihren Kurs ebenfalls, wobei sie ihren Abstand zueinander beibehalten. Diese Bewegung pflanzt sich dann mit hoher Geschwindigkeit durch den ganzen Schwarm fort.

Natürlich können auch mehrere Vögel gleichzeitig einen Kurswechsel einleiten. Dann verändert der Schwarm seine Form, indem er sich zusammenrollt, einschnürt oder aufbläht, wenn sich Vögel in verschiedene Richtungen bewegen. Gleichzeitig versucht jeder in Reichweite der anderen zu bleiben, so dass die Einheit des Schwarms erhalten bleibt, ob er sich nun zusammenballt oder zu einem flatternden Faden dehnt.

Ein ähnliches Verhalten findet sich bei kleinen Küstenvögeln und einigen anderen Vogelarten sowie bei Fischschwärmen, die schillernde und verblüffende synchrone Manöver vollführen. Dem mag der einfache Wunsch jedes Einzelnen zugrunde liegen nicht gefressen zu werden, doch für uns ist es ein Schauspiel von fast überirdischer Schönheit. Einen besseren Grund unsere natürliche Welt in all ihrer Schönheit und mit all ihren Geheimnisse zu würdigen und erhalten wird man kaum finden.

Rechte Seite: Der durch einen Brand beschädigte West Pier in Brighton, Großbritannien, mag von manchen als Schandfleck betrachtet werden, ist aber an Winterabenden schon seit Langem ein Anziehungspunkt für spektakuläre Starenschwärme.

GLOSSAR

Altvogel (adult)
Geschlechtsreifer Vogel, der das Endstadium seiner Gefiederentwicklung erreicht hat, nachdem er ein oder mehrere subadulte Gefiederstadien durchlaufen hat.

Alpha
Ranghöchstes Individuum in einer Dominanzhierarchie.

Altruismus
Wenn ein Vogel uneigennützig und primär zum Wohle eines anderen handelt, beispielsweise wenn ein Elternteil seine Jungen vor einem Raubtier verteidigt anstatt zu fliehen.

Ausbrüten oder **Inkubation**
Konstantes Wärmen des Eis vermittels Körperwärme, damit sich der darin befindliche Embryo entwickeln kann.

Aussetzung
Das absichtliche Entlassen von **gebietsfremden** Vögeln aus der Gefangenschaft in ein Gebiet, in dem sie nicht natürlich vorkommen. Dies kann dazu führen, dass sich die Art im neuen Gebiet einbürgert.

Balz
Eine Reihe ritualisierter, manchmal komplexer und koordinierter Verhaltensweisen, die zwischen einem männlichen und einem weiblichen Vogel stattfinden, um eine **Paarbindung** aufzubauen oder wiederherzustellen.

Brutparasit
Ein Vogel, der seine Eier in den Nestern anderer Vögel ablegt. Die Küken werden von den nichts ahnenden Adoptiveltern aufgezogen.

Domestiziert
Beschreibt eine Art, die seit vielen Generationen in Gefangenschaft gehalten und selektiv auf erwünschte Eigenschaften hin gezüchtet wurde. Der Prozess führt zu deutlichen Veränderungen in Aussehen, Verhalten oder in beidem gegenüber den wilden Vorfahren der Art.

Dominanz
Mechanismus, nach dem sozial lebende Vögel eine Rangordnung aufstellen. Jedes Individuum wird sich dem Dominanteren unterordnen, anstatt mit ihm um Ressourcen zu kämpfen.

Dominanzhierarchie
Sozialstruktur, in der bestimmte Individuen andere konsequent dominieren.

Ehrliches Signal (auch glaubwürdiges Signal)
Ein physisches Merkmal, das direkt mit der Gesundheit und Stärke eines einzelnen Vogels korreliert. Bei Arten mit roten Schnäbeln beispielsweise ist ein stärker leuchtender Schnabel ein ehrliches Signal, da die Pigmente, die diese Farbe verleihen, von einer hochwertigen Ernährung zeugen.

Einbürgerung
Wenn eine Population einer Art sich in einem neuen Lebensraum etabliert und dort eine erfolgreiche Brutpopulation ausbildet.

Familie
Taxonomische Stufe zwischen Gattung und Ordnung

Fission-Fusion
Siehe Spaltung-Fusion

Flügge
Beschreibt ein Vogeljunges einer nesthockenden Art, das reif genug ist, sein Nest aus eigenem Antrieb zu verlassen in der Regel durch einen Erstflug.

Gattung
Taxonomischer Rang zwischen Art und Familie

Gebietsfremd oder **nicht heimisch**
Beschreibt einen Vogel, der in einem Gebiet nur aufgrund menschlichen Zutuns vorkommt, sei es durch absichtliche Aussetzung oder zufälliges Entweichen aus der Gefangenschaft.

Gefieder oder **Federkleid**
Alle Federn eines Vogels, die eine funktionelle Einheit für Wärme und Wetterschutz bieten, Flugfähigkeit verleihen und in Tarn- oder Zierfarben erscheinen.

Gemeinschaftsnest
Einzelner Nestbau, der von mehr als einem Brutpaar gemeinsam genutzt wird, manchmal mit einer einzigen gemeinsamen Nestkammer und manchmal mehreren separaten.

Gemeinschaftliches (kooperatives) Brüten
Wenn die Elternvögel am Nest von anderen Vögeln (meist Verwandten) beim Ausbrüten und bei der Aufzucht der Küken unterstützt werden.

Hassen (auf)
Der Angriff auf einen anderen Vogel oder ein anderes Tier, in der Regel ein Raubtier, mit dem Ziel, es aus einem Gebiet zu vertreiben.

Heimisch
Beschreibt einen Vogel, der in einem Gebiet natürlich vorkommt, entweder, weil er sich dort entwickelt hat oder durch natürliche Populationsausweitung oder Migration dorthin gelangt ist.

Heimliche Eiablage
Wenn ein Vogelweibchen seine Eier in das Nest eines anderen Weibchens legt.

Immatur auch subadult
Vogel, der dem Jugendkleid entwachsen ist, aber noch nicht das volle Erwachsenengefieder hat. Einige Vögel wie Möwen und Adler durchlaufen im Laufe von vier oder mehr Jahren eine Reihe zunehmend erwachsenenähnlicher unreifer Kleider. Allerdings können sie schon brüten, bevor sie ihr volles Erwachsenenkleid haben.

Instinkt
Angeborenes Verhaltensmuster, das nicht erlernt wurde.

Invasion (auch Irruption)
Wenn ein großer Teil einer Vogelpopulation zu einer bestimmten Jahreszeit in ein Gebiet einwandert. Dies wird meist durch plötzliche Verschärfung der Nahrungskonkurrenz ausgelöst, sei es aufgrund starken Bevölkerungswachstums, Nahrungsmangels oder beidem.

Invasionssvogel (auch Irrupstionsvogel)
Vogelart, die zu Invasionen neigt.

Juvenil
Ein Vogel mit einem ersten Satz echter Federn anstatt flauschiger Daunen.

Klasse
Eine höherstehende taxonomische Stufe. Alle Vogelarten gehören zur Klasse der Vögel (Aves).

Kolonie
Soziales System, in dem Vögel in unmittelbarer Nähe zueinander Nester bauen und zu einem gewissen Grad mit ihren Nachbarn interagieren.

Künstliche Auslese (Zucht)
Bei Haustieren oder in Gefangenschaft gehaltenen Tieren werden Zuchtpaare ausgewählt, um Nachkommen mit stärker ausgebildeten erwünschten Merkmalen zu züchten, wie beispielsweise größere oder weniger aggressive Tiere.

Mauser
Der Prozess, bei dem ein Vogel seine Federn abwirft und durch neue ersetzt. Die meisten ausgewachsenen Vögel mausern sich einmal im Jahr, was mehrere Monate dauern kann.

Natürliche Selektion
Prozess, bei dem die bestangepassten Individuen einer Population mit größerer Wahrscheinlichkeit länger leben und deshalb ihre Gene an mehr Nachkommen weitergeben können.

Natur- und Artenschutz
Planerische und praktische Strategien, mit denen Einzelpersonen oder Organisationen versuchen, wild lebende Arten und ihre Lebensräume zu schützen und zu erhalten.

Nest
Ein von einem oder mehreren Vögeln errichtetes Bauwerk oder eine von ihnen gegrabene Höhlung, in die sie ihre Eier legen und ausbrüten.

Nestflüchtig
Bezeichnet ein Küken, das vollständig mit Daunen bedeckt und mit offenen Augen schlüpft, sich schon sehr bald nach dem Schlüpfen frei bewegen und oft auch selbst ernähren kann.

Nesthocker
Küken, die nackt und hilflos schlüpfen und einige Wochen lang im Nest bleiben, während sie heranreifen und Federn entwickeln.

Nest- oder Nistkammer, Brutkammer
Der erweiterte Teil am Ende eines ausgegrabenen oder gebauten Tunnels, in den die Eier gelegt werden.

Nestling
Jungvogel, der noch nicht reif genug ist, um sein Nest zu verlassen.

Nistkasten
Eine vom Menschen geschaffene Struktur, die so gestaltet und positioniert ist, dass eine bestimmte Vogelart dazu angeregt wird, darin zu nisten.

Nistplatz
Ort, an dem ein Vogel sein Nest baut oder auch seine Eier ohne Nest ablegt.

Nomadisch
Beschreibt Vögel, die auf der Suche nach lebensnotwendigen Ressourcen in unvorhersehbarer Reihenfolge umherziehen.

Ordnung
Die taxonomische Stufe zwischen Familie und Klasse

Ornamentierung (Prachtkleid)
Kontrastreich gefärbte, gezeichnete oder ungewöhnlich geformte Federn (auch Schmuckfedern) bzw. kahle Stellen, die keine praktische Überlebensfunktion haben, sondern der Zurschaustellung bei der Balz oder der Revierverteidigung dienen.

Paarbindung
Die langfristige, kooperative Verbindung zwischen zwei Vögeln, dank derer sie eine effektive Elterneinheit bilden. In der Regel handelt es sich dabei um ein Männchen und ein Weibchen. Der Begriff kann auch gleichgeschlechtliche

Paare, sowie komplexe Bindungen zwischen zwei Mitgliedern einer größeren gemeinschaftlich brütenden Gruppe beschreiben.

Philopatrie oder Brutortstreue
Die Tendenz eines Vogels, in sein Ursprungsgebiet zurückzukehren, wenn er reif ist, selbst zu brüten.

Polyandrie
Ein Paarungssystem, bei dem ein Weibchen Paarbindungen mit zwei oder mehreren Männchen eingeht.

Polygamie
Ein Paarungssystem, bei dem ein Vogel Paarbindungen mit mehr als einem Partner eingeht (umfasst Polyandrie, Polygynie und Polygynandrie).

Polygynandrie
Ein Paarungssystem, bei dem die Weibchen mit zwei oder mehr Männchen und die Männchen mit zwei oder mehr Weibchen Paarbindungen eingehen.

Polygynie
Ein Paarungssystem, bei dem ein Männchen Paarbindungen mit zwei oder mehr Weibchen eingeht.

Promiskuitiv
Ein Paarungssystem ohne Paarbindung, in dem sich die Vögel nur zur Paarung treffen. Beschreibt auch ein Verhalten, bei dem Vögel außerhalb ihrer primären Paarbindung kopulieren.

Räuber oder **Raubtier, Prädator**
Ein Tier, das andere Tiere fängt und frisst.

Raumanspruch
Ersichtlich aus der Art und Weise, wie soziale Vögel sich selbst und ihre Nester gemäß einem Mindestabstand räumlich anordnen, den sie zu Artgenossen einhalten.

Sexuelle Selektion
Die Tendenz eines Geschlechts (meist der Weibchen), Partner aufgrund von Merkmalen auszuwählen, die nicht unbedingt überlebenswichtig sind, wie etwa die Farbenpracht des Gefieders.

Sozialität oder **Geselligkeit**
Das Maß an Nähe zu Artgenossen, das Vögel tolerieren, und wie viel Zeit sie miteinander verbringen.

Subadult s. **immatur**

Spaltung-Fusion (auch **Fission-Fusion**)
Beschreibt die Art und Weise, wie sich soziale Gruppen bilden, auflösen und in unterschiedlichen Konfigurationen neu entstehen.

Streifgebiet
Ein Gebiet, das ein Vogel regelmäßig für seine täglichen Verrichtungen durchstreift. Dieses kann auch ein kleineres Territorium umfassen, das er vor anderen seiner Art verteidigt.

Taxonomie
Die Lehre von der Klassifizierung der Lebewesen gemäß ihrer evolutionären Beziehungen.

Taxonomischer Rang
Eine Ebene oder Stufe der Klassifizierung. Eng miteinander verwandte Arten werden zu einer Gattung zusammengefasst. Eng verwandte Gattungen bilden eine Familie, und eng verwandte Familien eine Ordnung. Die etwa 23 Vogelordnungen der Welt sind in einer Klasse zusammengefasst.

Territorium
Ein begrenztes Gebiet, das ein Vogel, ein Vogelpaar oder eine Gruppe von Vögeln gegen Artgenossen verteidigt. Meist geschieht dies nur während der Brutzeit.

Unterwürfig
Wenn sich ein Tier einem anderen unterordnet.

Verwandtenselektion
Die Idee, dass Tiere sowohl eigennützig, als auch zum Wohle genetisch verwandter Individuen handeln, da der Weiterbestand und die Vermehrung ihrer Gene (auch durch andere) ihr wichtigstes Motiv sei. Sie wird häufig als Erklärung für altruistisches Verhalten herangezogen und passt zur Theorie des „egoistischen Gens".

Verwildert
Beschreibt ein wild lebendes Tier oder eine Tierpopulation, die früher in Gefangenschaft gehalten wurde, sowie die Nachkommen dieser Tiere.

Wettbewerb
Wenn zwei einzelne Vögel oder zwei Vogelarten innerhalb desselben Ökosystems dieselbe Ressource beanspruchen, kommt es zu einem Wettbewerb, der sich tiefgreifend auf ihren Lebensverlauf auswirkt.

Wiederansiedlung
Eine Schutzmaßnahme, bei der Vögel aus der Gefangenschaft in ein Gebiet freigelassen werden, in dem sie früher natürlich vorkamen, in der Hoffnung, dass sie sich dort wieder ansiedeln.

(Vogel)Zug
Eine regelmäßige, jahreszeitlich bedingte Bewegung zwischen zwei getrennten Gebieten.

REGISTER

Der Seidenschwanz interessiert sich einzig und allein für das Finden und Fressen von Beeren, und seine Gruppengröße variiert mit der Fülle und Verteilung dieser lebenswichtigen Ressource.

DANKSAGUNG

Die Idee zu diesem Buch hatte ich schon einige Jahre im Kopf gehabt, als ich sie erstmals mit Kate Shanahan besprach. Kate gab den Titel dann auch in Auftrag. Ihr Beitrag zur Planungsphase war enorm hilfreich. Gemeinsam formulierten wir aus meinen begeisterten, aber chaotischen Ideen einen umsetzbaren Plan. Natalia Price-Cabrera übernahm die Projektleitung, und es war mir eine große Freude, während der letzten Monate wieder mit ihr zusammenzuarbeiten – eine Fortsetzung unserer Kollaboration an meinem vorhergehenden Buch „Eine Geschichte des Lebens auf 101/2 Arten erzählt".

Mein Dank geht auch an Chris Gatcum, der den Text lektorierte und viele der beeindruckenden Fotos im Buch recherchierte, während das Buch Gestalt annahm. Das wunderschöne Design der Seiten, einschließlich der vielen ausgezeichneten Karten und anderen Grafiken, stammt von Sandra Zellmer, unterstützt von Harry Lewis-Irlam und mit Illustrationen von Sarah Skeate.

Dieses Buch entstand aus meiner lebenslangen Passion für Vögel. Ich war stets dann am glücklichsten, wenn ich in freier Natur in das Leben der Wildvögel eintauchen konnte. Vor allem meine lebenslangen Begegnungen mit Seevögeln auf dem Meer und an der Küste standen Pate für dieses Buch. Doch auch an Land habe ich Wunderbares mit Vögeln erlebt. Und so will ich den vielen Weggefährten danken, die jahrelang diese Momente mit mir teilten. Wie immer bin ich auch den Heerscharen von Forschern, Feldforschern und Freiwilligen auf der ganzen Welt zu Dank verpflichtet, die eine Fülle von Beobachtungen und Daten zu allen Aspekten des Daseins wild lebender Vögel geliefert haben. Um ihrer und der Vögel Willen hoffe ich, dass dieses Buch zum Staunen anregt und zum Einsatz für die Natur und die Wissenschaft, sodass auch in Zukunft Vögel fliegen können, begleitet vom hungrigen Verstand und der lebhaften Fantasie der Menschen.

BILDNACHWEIS

Die Idee zu diesem Buch ist über mehrere Jahre hinweg gereift. Der Autor und der Verlag bedanken sich für die Erlaubnis, das urheberrechtlich geschützte Material in diesem Buch wiederzugeben.

Shutterstock: S. 4 – 5: Moniek Camp; S. 9 (oben): Ondrej Prosicky; S. 9 (unten): Nicola Pulham; S. 21: Martin Prochazkacz; S. 31 (unten): Wendy Claire Cordes; S. 36: Jay Yuan; S. 38 (unten links): Rudmer Zwerver; S. 38 (unten rechts): Artur Bociarski; S. 42 (oben): Ondrej Prosicky; S. 42 (unten): Danita Delimont; S. 45 (oben links): Heiko Kiera; S. 49: karsand; S. 53: Chris Ison; S. 56 (oben): pablovanzini; S. 59 (unten): Helissa Grundemann; S. 60: Erlo Brown; S. 62: Karel Bartik; S. 63: Martin Mecnarowski; S. 64 (oben): Rainer Lesniewski; S. 68 (unten): Petia_is; S. 75 (oben): Hugh Lansdown; S. 75 (unten): Jaroslav Cips; S. 78: Radek Borovka; S. 95: Jemini Joseph; S. 98: Toshifumi Hotchi; S. 100 (unten links): M Rose; S. 104 (oben): JeremyRichards; S. 113 (oben): Guido Vermeulen-Perdaen; S. 119 (unten): CrownEye-Photography; S. 120: Danita Delimont; S. 122 (unten): thsulemani; S. 125: rock ptarmigan; S. 126: goran_safarek; S. 130 – 131: Danita Delimont; S. 135 (oben): valleyboi63; S. 137 (oben): Rabbiti; S. 142: Zuhairi Ahmed; S. 144 (unten rechts): Steve Horsley; S. 147 (oben): Nick Pecker; S. 148 (oben): Cecilie Bergan Stuedal; S. 151 (oben): Karyn Honor; S. 151 (unten): Tomas Hulik ARTpoint; S. 163 (unten): Sheryl Watson; S. 164 (unten): imageBROKER.com; S. 167 (oben): Vova Shevchuk; S. 167 (unten): Madrugada Verde; S. 169: Lost Mountain Studio; S. 173: Alberto Loyo; S. 175: Mircea Costina; S. 177 (oben): Nicole Kwiatkowski; S. 182: Romuald Cisakowski; S. 184: Seregraff; S. 186 – 187: Guillermo Ossa; S. 190 (unten): Halfpoint; S. 194 (oben): Akushnirchuk; S. 194 (unten): AlanMorris; S. 196: Franke de Jong; S. 198 (oben): Sallye; S. 198 (unten): Tobyphotos; S. 202 (oben): Henrico Muller; S. 202 (unten): R. Maximiliane; S. 215: Nick Vorobey; S. 217: Philip Reeve; S. 222: Menno Schaefer.

Alamy Stock Photo: S. 6: Grant Henderson; S. 10: blickwinkel; S. 16: FLPA; S. 18: Image Source; S. 24 – 25: Minden Pictures; S. 27 (oben): Minden Pictures; S. 27 (unten): Nature Picture Library; S. 29 (oben): Nature Picture Library; S. 29 (unten): Graham Ella; S. 39: imageBROKER; S. 45 (oben rechts): Nature Picture Library; S. 46: Nature Picture Library; S. 51 (oben): North Wind Picture Archive; S. 51 (unten): The Natural History Museum; S. 54: Greatstock; S. 64 (unten): Minden pictures; S. 67: FLPA; S. 73: All Canada Photos; S. 81 (unten): Giovanni Giuseppe Bellani; S. 83: GUDKOV ANDREY; p84: Creaturart Images; S. 91 (oben): PCJones; S. 92: Nature Picture Library; S. 103: Nature Picture Library; S. 108 (unten): imageBROKER; S. 111: Nature Picture Library; S. 114: Nature Picture Library; S. 117: USFWS Photo; S. 124: blickwinkel; S. 127: blickwinkel; S. 128: Nature Picture Library; S. 132: Nature Picture Library; S. 140 – 141: Dylan Beckersholt; S. 144 (oben): Christopher Castling; S. 147 (unten): Nature Picture Library; S. 148 (unten): Nature Picture Library; S. 155: BIOSPHOTO; S. 158: Islandstock; S. 163 (oben): Nature Picture Library; S. 165: Anthony David Baynes; S. 177 (unten): BIOSPHOTO; S. 178: Doug Perrine; S. 183: Nature Picture Library; S. 189: Design Pics Inc; S. 190 (oben rechts): Minden Pictures; S. 193: blickwinkel; S. 195: Minden Pictures; S. 201 (oben): David Tipling Photo Library; S. 204: Minden Pictures; S. 209: BIOSPHOTO; S. 212: blickwinkel.

iStock: S. 13: vladsilver; S. 22: IoanBudai; S. 23: pum_eva; S. 33 (oben): casch; S. 34: Joesboy; S. 37 (oben): KenCanning; S. 37 (unten): Ruth Peterkin; S. 41: THEPALMER; S. 68 (oben): clark42; S. 71: efenzi; S. 76: Missing35mm; S. 81 (oben): Jmrocek; S. 86 – 87: Gerdzhikov; S. 88: PeterAustin; S. 91 (unten): Imogen Warren; S. 96: Bim; S. 104 (unten): Gerald Corsi; S. 106 (oben links): Gannet77; S. 106 (oben rechts): reisegraf; S. 108 (oben): IPGGutenbergUKLtd; S. 135 (unten): WOLFAVNI; S. 137 (unten): Michael-Tatman; S. 152: atosf; S. 157 (oben): stanley45; S. 157 (unten): SteveByland; S. 160: powerofforever; S. 164 (oben): FRANKHILDEBRAND; S. 170: WilliamSherman; S. 180: Dmitry Potashkin; S. 188: michaelschober; S. 201 (unten): Nils Jacobi; S. 206 – 207: RichLindie.

Nature Picture Library: S. 14: Danny Green; S. 20: Robin Chittenden; S. 113 (unten): Mike Wilkes; S. 144 (unten links): Paul Sawer; S. 150: Rod Williams; S. 191: Mary McDonald.

Nature in Stock: S. 31 (oben): David Tipling/FLPA; S. 59 (oben): Jurgen & Christine Sohns/FLPA; S. 144 (unten links): Paul Sawer/FLPA.

Creative Commons: S. 101: AWEith (CC BY-SA 4.0).